高职高专通信技术专业系列教材

5G 无线接入网

主 编 于正永 丁胜高 董 进

副主编 李 军 徐 彤 王德华

西安电子科技大学出版社

内 容 简 介

本书依据移动设备厂家和移动运营商无线站点的建设要求并遵循无线基站建设流程组织内容。全书共 7 个模块，系统介绍了 5G 技术、5G 设备和 5G 站点工程建设方面的知识，主要内容包括 5G 技术概述、5G NR 新空口、华为 gNodeB 产品方案、5G 基站数据配置、5G 站点勘测、5G 站点项目施工和 5G 基站仿真实践配置。

本书可作为高职高专院校电子、通信相关专业 5G 基站建设相关课程的配套教材，也可作为从事通信工程设计、施工、监理及项目管理等方面工作的工程技术人员的参考用书，还可作为 5G 无线产品相关资格考试的培训教材。

图书在版编目(CIP)数据

5G 无线接入网 / 于正永，丁胜高，董进主编. —西安：西安电子科技大学出版社，2022.1
(2023.5 重印)
ISBN 978–7–5606–6240–4

Ⅰ. ①5… Ⅱ. ①于… ②丁… ③董… Ⅲ. ①第五代移动通信系统—接入网
Ⅳ. ①TN929.538

中国版本图书馆 CIP 数据核字(2021)第 214524 号

策　　划　高　樱
责任编辑　宁晓蓉
出版发行　西安电子科技大学出版社(西安市太白南路 2 号)
电　　话　(029)88202421　88201467　　　邮　编　710071
网　　址　www.xduph.com　　　　　　电子邮箱　xdupfxb001@163.com
经　　销　新华书店
印刷单位　陕西天意印务有限责任公司
版　　次　2022 年 1 月第 1 版　　2023 年 5 月第 2 次印刷
开　　本　787 毫米×1092 毫米　1/16　印　张　15
字　　数　351 千字
印　　数　1001～3000 册
定　　价　42.00 元

ISBN 978–7–5606–6240–4 / TN

XDUP 6542001–2

如有印装问题可调换

前　言

截至 2020 年，国内共建设了 70 余万个 5G 基站，在网络规模上居于全球首位；预计 2021 年新建超过 60 万个 5G 基站，但是相较于 4G 540 万个基站的规模而言，仍有很大的提升空间。作为"新基建"的首要任务，随着 5G 与行业应用的不断融合，5G 基站建设的规模和速度都会不断提升，市场对于 5G 基站建设和维护方面人才的需求将急剧增加，因此与 5G 技术相关的技能提升培训也显得尤为迫切。

编者结合自己在移动设备厂家和中国电信、中国联通的工作经验，依据设备厂家和移动运营商无线站点的建设要求，遵循无线基站建设流程组织编写本书的内容。全书共包括 7 个模块，模块一为 5G 技术概述，主要介绍了 5G 愿景与发展历程、5G 关键技术指标、5G 典型应用和 5G 网络架构；模块二为 5G NR 新空口，系统介绍了 5G NR 已采纳和候选关键技术、NR 帧结构、NR 空口信道和 NR 系统消息；模块三为华为 gNodeB 产品方案，介绍了华为 BBU5900 基带产品、AAU5613 有源射频系统和华为配套无线站点产品；模块四为 5G 基站数据配置，针对当前 NAS 为主的组网方式，结合讯方公司 5G 仿真软件介绍 5G 站点配置流程和相关设置；模块五为 5G 站点勘测，介绍了无线站点勘测工具和勘测流程，针对新建和利旧两种典型场景，介绍了相应的勘测内容及勘测数据的整理和输出要求；模块六为 5G 站点项目施工，介绍了站点施工管理制度、开箱验货、基带产品和有源天线系统安装流程和安装规范，还介绍了站点施工现场督导工作内容和站点施工相关典型案例；模块七为 5G 基站仿真实践配置，结合讯方公司 5G 仿真软件，针对 5G 单站开通详细介绍了设备安装、数据配置和故障排查。本书每章设有目标导航、自我测试等栏目，书中多处对工程现场项目案例进行了较为详细的分析，深入浅出，便于读者自学。

本书提供了配套电子资源，读者可扫描相关内容旁边的二维码观看学习。

此外西安电子科技大学出版社网站"资源中心"栏目中提供了本书的一些脚本文件及讯方5G仿真软件存档文件,供读者下载使用。

本书参考学时为36～72学时,作为课程实训参考教材时,建议配置16～32实践课时。教学时可根据课程需要选取内容,建议采用理实一体化教学模式。各章的参考学时见学时分配表。

学时分配表

模块	课程内容	学时
模块一	5G 技术概述	2～8
模块二	5G NR 新空口	10～20
模块三	华为 gNodeB 产品方案	6～14
模块四	5G 基站数据配置	4～6
模块五	5G 站点勘测	2～4
模块六	5G 站点项目施工	2～6
模块七	5G 基站仿真实践配置	10～14
学时总计		36～72

本书由江苏电子信息职业学院于正永、丁胜高、董进担任主编,其中于正永负责模块二、模块五和模块六的撰写,并负责全书的统稿;丁胜高负责模块三、模块四和模块七的撰写;董进负责模块一及附录的撰写。陕西国防工业职业技术学院李军、江苏电子信息职业学院徐彤、中国移动通信集团江苏有限公司王德华担任副主编,深圳市讯方技术股份有限公司殷瑢和于学坤两位工程师作为本书的技术指导。在本书的编写过程中,得到了江苏电子信息职业学院计算机与通信学院各位领导和老师的大力支持,也得到了西安电子科技大学出版社的关心和支持,在此对他们表示诚挚的感谢。

由于编者水平有限,书中难免会有不妥之处,恳请广大读者批评指正。读者可以通过电子邮件 yonglly@sina.com 直接与编者联系。

编　者
2021 年 10 月

目　　录

模块一　5G 技术概述

目标导航

- 了解 5G 愿景、三大应用场景和关键性能指标;
- 了解 5G 标准发展历程和当前进展;
- 理解和掌握 eMBB、uRLLC 和 mMTC 场景关键性能指标;
- 理解和掌握 5G SA 和 NSA 组网方式以及国内运营商 5G 组网演进方式;
- 理解和掌握 4G/5G 双连接工作原理;
- 了解 5G gNB CU/DU 组网方式。

教学建议

模 块 内 容	学时分配	总学时	重点	难点
1.1　5G 愿景与发展历程	2			√
1.2　5G 关键技术指标	2	8	√	
1.3　5G 典型应用	1			
1.4　5G 网络架构	3		√	√

内容解读

　　移动通信自 20 世纪 80 年代诞生以来,经过三十多年的爆发式增长,已成为连接人类社会的基础信息网络。移动通信的发展不仅深刻改变了人们的生活方式,而且已成为推动国民经济发展、提升社会信息化水平的重要引擎。5G 作为我国"新基建"的重要组成部分,在未来经济社会发展中将扮演担大任、挑大梁的重要角色。在 5G 相关专利、设备市场占有率、5G 网络建设规模和 5G 应用推广等方面,我国都处于第一梯队,当前我国已完成了热点地区 5G 的部署和规模商用。随着 5G 应用的进一步铺开,5G 网络相关工程需求也将呈现持续增长态势。

　　本模块从 5G 愿景与关键能力需求出发,回顾 5G 技术标准化过程,明确 5G 概念、技术路线与核心技术,结合 5G 典型应用明确发展和推广 5G 的重要意义。

1.1 5G 愿景与发展历程

1.1.1 5G 网络愿景

"信息随心至、万物触手及",这是 5G 描绘的美好愿景。面向未来,移动互联网和物联网业务将成为移动通信发展的主要驱动力。5G 将满足人们在居住、工作、休闲和交通等各种区域的多样化业务需求,即便在密集住宅区、办公室、体育场、露天集会场所、地铁、快速公路、高铁等具有超高流量密度、超高连接数密度、超高移动性特征的场景,也可以为用户提供超高清视频、虚拟现实、增强现实、云桌面、在线游戏等极致业务体验。与此同时,5G 还将渗透到物联网及各种行业领域,与工业设施、医疗仪器、交通工具等深度融合,有效满足工业、医疗、交通等垂直行业的多样化业务需求,实现真正的"万物互联"。

5G 解决了多样化应用场景下差异化性能指标带来的挑战,满足不同场景下用户体验速率、流量密度、时延、能效和连接数等指标的不同要求。

从移动互联网和物联网主要应用场景、业务需求及挑战出发,中国 IMT2020(5G)推进组归纳出连续广域覆盖、热点高容量、低功耗大连接和低时延高可靠等四个 5G 主要应用场景,如图 1-1 所示,对应的关键性能指标见表 1-1。

5G 相关标准化组织介绍

图 1-1 中国 IMT2020(5G)定义的 5G 应用场景

表 1-1　5G 主要应用场景与关键性能挑战

场　景	关键性能挑战
连续广域覆盖	100 Mb/s 用户体验速率
热点高容量	用户体验速率：1 Gb/s 峰值速率：每秒数万兆比特 流量密度：每平方千米每秒数万吉比特
低功耗大连接	连接数密度：$10^6/\text{km}^2$ 超低功耗，超低成本
低时延高可靠	空口时延：1 ms 端到端时延：ms 量级 可靠性：接近 100%

国际电信联盟(ITU)IMT-2020(5G)计划中定义了 3 大应用场景：增强移动宽带(eMBB，enhanced Mobile Broad Band)、大规模机器类通信(mMTC，massive Machine Type Communication)和超可靠低时延通信(uRLLC，ultra Reliable and Low Latency Communication)，如图 1-2 所示。

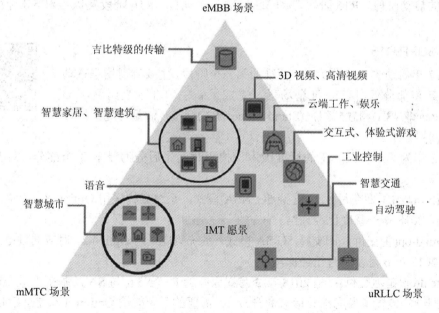

eMBB—增强移动宽带；uRLLC—超可靠低时延通信；mMTC—大规模机器类通信

图 1-2　ITU IMT-2020(5G)定义 5G 场景

连续广域覆盖和热点高容量场景主要满足未来的移动互联网业务需求，也是传统 4G 的主要技术场景，对应 eMBB 应用场景；低功耗大连接和低时延高可靠场景分别对应 mMTC 和 uRLLC，主要面向物联网业务，是 5G 新拓展的场景，重点解决传统移动通信无法很好支持的物联网及垂直行业应用。

1.1.2　5G 协议标准化历程

国际电信联盟在 2015 年 6 月确定的 IMT-2020(5G)计划中规划的 5G 时间表如图 1-3 所示。IMT-2020 的工作计划如下：

(1) 2015 年中完成 IMT-2020 国际标准前期研究。

(2) 2016 年开展 5G 技术性能需求和评估方法研究。

(3) 2017 年底启动 5G 候选方案征集，2020 年底完成标准制定。

3GPP 协议制定流程

图 1-3　3GPP 5G 标准发展规划

3GPP(3rd Generation Partnership Project，第三代伙伴项目)作为国际移动通信行业的主要标准组织，承担了 5G 国际标准技术内容的制定工作。3GPP R14 阶段被认为是 5G 标准研究的启动阶段，R15 阶段启动 5G 标准工作项目，R16 阶段及以后对 5G 标准进行完善增强。

1. 3GPP R15

2017 年启动的 R15 作为 5G 标准的第一个阶段，主要针对增强移动宽带场景和部分低时延高可靠场景，完成了新空口非独立组网(Non Stand Alone，NSA)和独立组网(Stand Alone，SA)标准，满足市场上比较急迫的商用需求。

5G 专利分布

R15 作为第一阶段 5G 的标准版本，按照时间先后分为以下 3 个部分，现都已完成并冻结。

Early drop(早期交付)：即支持 5G NSA 模式，系统架构采用 Option 3，对应的规范及 ASN.1 在 2018 年一季度已经冻结。

Main drop(主交付)：即支持 5G SA 模式，系统架构采用 Option 2，对应的规范及 ASN.1 分别在 2018 年 6 月及 9 月已经冻结。

Late drop(延迟交付)：是 2018 年 3 月在原有的 R15 NSA 与 SA 的基础上进一步拆分出的第三部分，包含了考虑部分运营商升级 5G 需要的系统架构 Option 4 与 7.5G NR 新空口双连接(NR-NR DC)等。该部分标准冻结比原定计划延迟了 3 个月。

2. 3GPP R16

2018 年 6 月确定了 R16 的工作范围，启动相应标准化工作。作为 5G 标准的第二阶段，R16 在兼容 R15 的基础上，对增强移动宽带场景进一步增强，引入包括增强多天线传输、蜂窝定位、终端节能、双连接/载波聚合、移动性增强等技术，并针对低时延高可靠场景、面向工业互联网场景以及车联网的应用需求进行标准化设计，详细制定工业物联网架构、有线/无线聚合、非公共网络以及非授权频段等技术，功能设计于 2019 年底完成，最终版本于 2020 年 7 月正式冻结，满足 ITU IMT-2020 提出的要求。

R16 5G 标准在增强型行动宽带能力和基础网络架构能力提升的同时，强化支援垂直产业应用，其涵盖载波聚合、多天线技术、终端节能、定位应用、5G 车联网、低时延高可靠服务、切片安全、5G 蜂窝物联网安全、uRLLC 安全等议题，为 5G 的全面应用奠定了坚实基础。

3. 3GPP R17

2019 年 12 月份，3GPP RAN 工作组在第 86 次全会上对 5G 第三个版本 R17 进行了规划和布局，共设立 23 个标准立项，全面启动 R17 5G 标准的设计工作。R17 除了对 R15、R16 特定技术进行进一步增强外，将大连接低功耗的海量机器类通信作为 5G 场景的增强方向，基于现有架构与功能从技术层面持续演进，全面支持物联网应用。R17 版本冻结时间经历了两次推迟，目前预计 2022 年 6 月冻结。

R17 版本对现有 5G 网络和业务能力进行增强的同时也提出了新的业务和能力要求，涵盖了多天线技术增强、高精度定位、覆盖增强、极高频段通信、小数据包传输、组播广播、终端节能、双链接增强、最小化路测、多卡操作等通用技术，面向工业物联网垂直行业应用及低复杂度、低成本终端，具有高可靠低时延物联网通信、终端直连通信增强、低功耗广域物联网增强、网络切片及网络自动化增强、非公共网络等技术，以更全面地支持物联网应用。

1.2　5G 关键技术指标

区别于以往的移动通信技术，5G 不再单纯地强调峰值速率，而是综合考虑 8 个技术指标：峰值速率、用户体验速率、频谱效率、移动性、时延、连接密度、能量效率和流量密度，如图 1-4 所示。

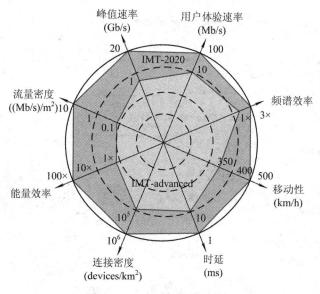

图 1-4　4G/5G 技术指标对比

5G 系统面向 eMBB、uRLLC 以及 mMTC 等场景，因此其无线相关的技术指标要求因场景而不同，其含义和指标要求也受场景和网络部署等因素的影响。

1. eMBB 场景关键性能指标

eMBB 场景指面向移动通信的基本覆盖环境，能够在保证移动性和业务连续性的前提下，无论静止还是高速移动，覆盖中心还是覆盖边缘，都可以为用户随时随地提供 100 Mb/s 以上的体验速率，在室内、外局部热点区域的覆盖环境，都可以为用户提供 1 Gb/s 的用户体验速率和 10 Gb/s 以上的峰值速率，满足 10 (Tb/s)/km^2 以上的流量密度需求，每小时 500 km 数量级的移动性，对于交互类时延敏感操作，可以达到 10 ms 级的时延要求。

5G 发展正当其时

eMBB 可以覆盖到范围更广的建筑物中，如办公楼、工业园区等，同时，它可以提升容量，满足多终端、大数据量、低成本的传输需求。

eMBB 场景在现有 4G 移动宽带业务的基础上，对于用户体验等性能进一步提升，在以人为中心的业务场景中进一步拓展传统中需要光纤来实现的业务，如 3D 超高清视频远程呈现、可感知互联网、赛事直播以及虚拟现实等。

2. uRLLC 场景关键性能指标

uRLLC 场景主要面向远程医疗、智能交通、工业控制等垂直行业的特殊应用需求，这类应用对时延和可靠性具有极高的指标要求，需要为用户提供毫秒级的端到端时延和接近 100% 的业务可靠性保证。

端到端时延由多个部分构成，如图 1-5 所示，公式如下：

$$T\_E2E = T\_RAN + T\_Transmission + T\_CN + T\_Internet \tag{1-1}$$

其中：

(1) T_E2E 指端到端时延，是数据报文在 UE(用户设备)和 APP 之间的单向时延。

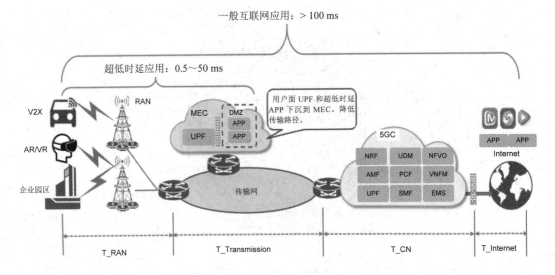

图 1-5 移动通信时延构成

(2) T_RAN 指无线时延,是 UE 和 RAN 之间产生的时延。其中,电磁波在空间传播速度是光速,引起的时延极低,可以忽略不计。时延主要来自设备的信道编码、调制解调、算法计算、资源分配等的处理时间。在 4G 网络中,无线时延在 5 ms 左右,在 5G 网络中,无线时延要求低于 0.5 ms。

(3) T_Transmission + T_CN + T_Internet 指回传、核心网、互联网的叠加时延,这是光纤传输网络、路由器节点、核心网用户面网元、应用服务器的 IP 报文处理产生的时延。产生时延的原因一是传输距离比较远,中间存在多个网络节点,每个节点转发数据时都产生一部分时延;二是网络虚拟化带来的性能下降,产生一部分时延。

uRLLC 要求端到端用户面时延 1 ms,空口时延 0.5 ms。一次传送 32 B 应用层报文的可靠性为 99.999%。

3. mMTC 场景关键性能指标

mMTC 场景主要面向智慧城市、环境监测、智能农业、森林防火等以传感和数据采集为目标的应用场景,具有小数据包、低功耗、海量连接等特点。这类终端分布范围广、数量众多,不仅要求网络具备超千亿连接的支持能力,满足 $10^6/km^2$ 的连接密度指标要求,而且还要保证终端的超低功耗和超低成本。

mMTC 对于覆盖范围的要求需要达到 164 dB 的 MCL(Maximum Coupling Loss,最大耦合损耗),且能达到最低 160 b/s 的信息传输速率要求,无线信号损耗的构成如图 1-6 所示。由于智能电表、水表等场景下不易更换电池,因此 mMTC 要求电池使用寿命在 10 年以上。mMTC 要求对于 20 B 的应用层报文,在 164 dB 的耦合损耗场景下,传输时延在 10 s 以内。

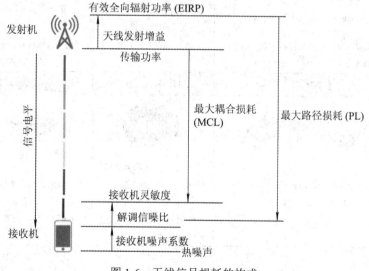

图 1-6 无线信号损耗的构成

1.3 5G 典型应用

1.3.1 eMBB 典型应用

虚拟现实(VR,Virtual Reality)与增强现实(AR,Augmented Reality)是能够彻底颠覆传

统人机交互内容的变革性技术。这些技术不仅将深刻改变消费领域，更应用于许多商业领域和企业中。

VR/AR 需要大量的数据传输、存储和计算功能，这些数据和计算密集型任务如果转移到云端，就能利用云端服务器的数据存储和高速计算能力。5G 通过大带宽、低时延可以明显改善云服务的访问速度，对市场的影响主要体现在以下两方面：

(1) 云 VR/AR 将大大降低终端设备成本。通过 5G 进行信息传输，可以实现在云端进行渲染和内容发布，从而降低对终端和头盔的性能要求，降低终端设备成本，便于应用的快速推广。

(2) 云市场快速增长，家庭和办公室对桌面主机和笔记本电脑的需求将越来越小，转而使用连接到云端的各种人机界面，并引入语音和触摸等多种交互方式提升了用户的业务体验，将极大促进云端市场的发展。

依赖于 VR/AR 自身的相关技术、移动网络演进和云端能力的进步，华为无线应用场景实验室将云 VR/AR 演进划分为 5 个阶段，如图 1-7 所示。

云 VR/AR 演进 5 阶段				
	阶段 0/1		阶段 2	阶段 3/4
	PCVR	Mobile VR	Cloud Assisted VR	Cloud VR
VR 应用及技术特点	 游戏、建模 (本地渲染，动作本地闭环)	 360 视频、教育 (全景视频下载，动作本地闭环)	 沉浸式内容、互动式模拟、可视化设计 (动作云端闭环，FOV(+)视频流下载)	 超高体验的游戏和建模实时渲染/下载 (动作云端闭环，云端 CG 渲染，FOV(+)视频下载)
	2D AR		3D AR/Mixed Reality	Cloud MR
AR 应用及技术特点	 操作模拟及指导、游戏、远程办公、零售、营销可视化 (图像和文字本地叠加)		 空间不断扩大的全息可视化，高度联网化的公共安全 AR 应用 (图像上传，云端响应多媒体信息)	 基于云的混合现实应用，用户密度和连接性增加 (图像上传，云端图像重新渲染)
连接需求	以 WiFi 连接为主	4G 和 WiFi 内容为流媒体 20 Mb/s + 50 ms 时延要求	4.5G 内容为流媒体 40 Mb/s + 20 ms 时延要求	5G 内容为流媒体 100 Mb/s～9.4Gb/s + 2～10 ms 时延要求

图 1-7 VR/AR 业务演进

通过引入基于云端服务器的虚拟图像实时渲染，用户不再依赖游戏机或本地计算机的GPU(Graphics Processing Unit，图形处理器)，而是像接收任何其他流媒体一样，从云端服务器接收游戏视频或虚拟内容。该技术降低了用户设备的价格，使用户设备变得更轻便、省电，并且无需连线，为更多样、互动性更强的 VR 素材带来机遇。

1.3.2 uRLLC 典型应用

在 5G 支持下智能交通应用逐步具备落地的条件，它可在一定成本范围内，大幅提高车辆感知距离和感知信息范围，且不受恶劣天气影响，从而提升车辆智能驾驶的速度和安全性，有效缓解城市道路拥堵现象，提升交通资源调配效率，提高出行率，实现城市智慧交通。

uRLLC 可以用于道路交通基础设施的自动化控制，低时延和高可靠的 5G 连接用来连接道路两旁的基础设施，如路杆、交通灯、指示牌等，如图 1-8 所示，相应指标要求见表 1-2。

中国移动推进
"网络＋医疗"

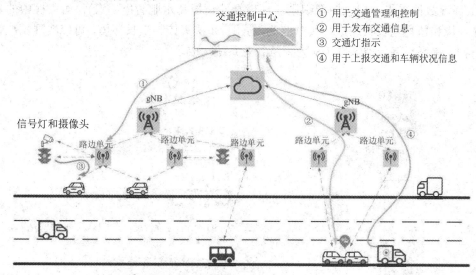

① 用于交通管理和控制
② 用于发布交通信息
③ 交通灯指示
④ 用于上报交通和车辆状况信息

图 1-8　智能交通系统构成

表 1-2　智能交通系统指标要求

最大允许端到端时延	时延容忍极限	高通信服务保证	高可靠性	预计路边单元(RSU)的数据吞吐量	服务区范围
30 ms	100 ms	99.9999%	99.999%	10 Mb/s	沿路 1～2 km

汽车应用 uRLLC 的需求包括传统的覆盖、容量、时延、可靠性、速率、移动性、安全、成本、功耗等。uRLLC 继承了蜂窝产品的产业链和先进的芯片，安全性、成本、移动性、功耗和容量都不是太大的问题，覆盖、速率、时延、可靠性将是未来 uRLLC 在汽车应用方面面临的主要挑战。

在汽车应用场景中，电信运营商、通信系统设备商、应用服务商、交通管理部门、行业业主和车企等多家企业联合起来，通过合作共赢、优势互补的方式，可以快速推出面向市场、成熟可用的车联网解决方案，共同打造车联网生态圈。

1.3.3 mMTC 典型应用

"5G＋智慧农业"就是各种先进设备和农业相结合，让农业生产变得更加便捷。5G

网络的发展将为农民和农业企业提供智慧农业所需要的基础设施，它们将被运用到物联网技术中，对农业活动进行跟踪、监测、自动化和分析。

5G 技术能将农业丰富的数据类型与应用场景进行不断深度融合，将实现应用创新层面的大爆炸。5G 将在农业物联网、智慧种植技术、农产品溯源、科学管理、劳动力管理等多个方面使智慧农业更加智能化、精准化、高效率。

农业物联网一般是用很多传感器节点构成相应的监控网络，通过多种传感器采集各种信息，大量使用各式各样智能化、自动化、远程控制的生产设施，促使以人力为中心、依赖于孤立机械的生产模式的传统农业向以信息和软件为中心生产模式的现代智慧农业转变。

在大棚精准种植中，温室蔬菜大棚基于农业 AI(Artificial Intelligence，人工智能)四大关键能力(环境数据采集、视频图像识别、环境智能调控和水肥智能决策)，对大棚中的农作物种植环境和植物生长状态进行实时监测，基于 AI 决策控制生长环境，可以实现精准管理大棚作物，提高经济效益。图 1-9 为智慧农业系统构成。

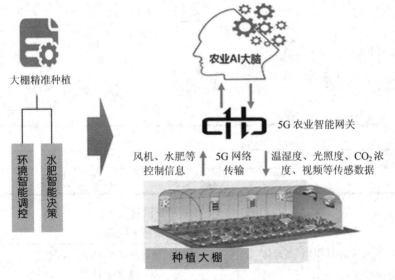

图 1-9 智慧农业系统构成

1.4 5G 网络架构

为实现 5G 的应用，首先需要建设和部署 5G 网络，5G 网络的部署主要包括两个部分：无线接入网(Radio Access Network，RAN)和核心网(Core Network)。无线接入网主要由基站组成，为用户提供无线接入功能；核心网则主要为用户提供互联网接入服务和相应的管理功能。

1.4.1 5G 组网方式及演进方案

在网络架构上，5G 网络和 4G 网络有明显区别。4G 网络的 EPS(Evolved Packet System，演进分组系统)包含完整的端到端 4G 系统，包括 UE(用户设备)、E-UTRAN(演进的通用陆地无线接入网络)和 EPC(演进分组核心网)，而 5G NR(New Radio，新空口)和 5GC(5G Core Network，5G 核心网)可以各自独立演进到 5G。

各运营商根据各自 4G 网络规模、5G 部署的速度、未来应用的方向等因素，可以选择适合的组网方式并向后演进。

3GPP R14 阶段针对 NR 候选网络架构课题开展了大量技术方案研究工作，按照 4G/5G 接入网(LTE、eLTE(对应基站在 3GPP TR38801 中称为 eLTE eNodeB，后续版本改为 NG eNodeB)和 NR)和核心网(EPC 和 5GC)的耦合不同，提出了多种候选组网模型。

3GPP 在 2016 年 6 月的 RP-161266 中，共列举了 Option 1、Option 2、Option 3/3a、Option 4/4a、Option 5、Option 6、Option 7/7a、Option 8/8a 等 12 种 5G 架构，其中 Option 1 至 Option 7 选项如图 1-10 所示，Option 8/8a 的架构和 Option 4/4a 一样，但其连接的核心网是 EPC。

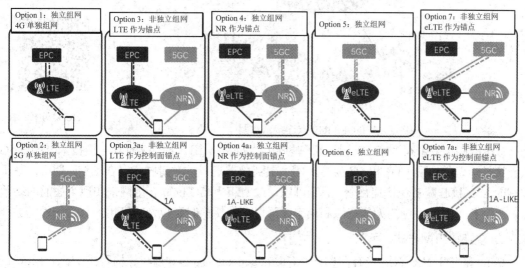

图 1-10 3GPP 5G 组网选项

在 2017 年 3 月发布的 TR-38801 版本中，增加了 Option 3x 和 Option 7x 两个选项，如图 1-11 所示，并删除对 Option 6 和 Option 8/8a 的支持。

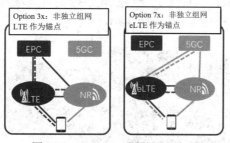

图 1-11 3GPP 5G 新增组网选项

在这些组网选项中，依据 4G/5G 基站之间是否有协作关系，将组网方式分为 SA 和 NSA 两类。其中 Option 1/2/5 为独立组网方案，其他都是非独立组网。

5G NR 的部署以 LTE eNodeB(简称 eNB)作为控制面锚点接入 EPC，或以 NG eNB 作为控制面锚点接入 5GC 的 Option 3 和 Option 7 系列(含 3、3a、3x、7、7a 和 7x)，相关协议标准在 2017 年 12 月完成。

目前国内为了区分是否使用 5GC，将 5G NR 作为控制面锚点接入 5GC 的组网方式也称为独立组网，主要是 Option 2/4/4a，相关标准在 2018 年 6 月完成。

中国移动、中国电信和中国联通目前确定的演进路径均是以 SA 方式为主，在 5GC 具备商用条件前，为解决国际漫游需求，在热点城市建设部分 NSA 站点。

1.4.2　LTE 与 NR 双连接

DC(Dual-Connectivity，双连接)是 3GPP R12 版本首先引入的重要技术，支持双连接的终端可以同时连接两个 LTE 基站，增加单用户的吞吐量；支持双连接的两个 LTE 基站通过 X2 接口来实现载波聚合，如图 1-12 所示。

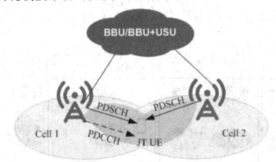

DC 双连接

图 1-12　3GPP R12 双连接示意图

3GPP R14 版本在 LTE 双连接技术基础上，定义了 LTE 和 5G 的双连接技术。LTE/5G 双连接是运营商实现 LTE 和 5G 融合组网、灵活部署场景的关键技术。在 5G 早期可以基于现有的 LTE 核心网实现快速部署，后期可以通过 LTE 和 5G 的联合组网来实现全面的网络覆盖，提高整个网络系统的无线资源利用率，降低系统切换时延以及提高用户和系统性能。

1. 双连接组网方式

LTE 和 5G NR 双连接有同构网络(Homogeneous Network)和异构网络(Heterogeneous Network)两种典型部署场景。

1) 同构网络场景

同构场景下，LTE 和 5G NR 基站共址并且提供的覆盖区域是重叠的。这种场景下，LTE 和 5G NR 全部是宏站或者全部是小站，如图 1-13 所示。

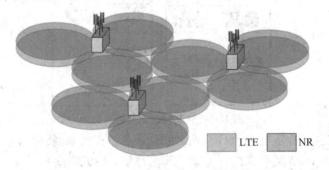

LTE　NR

图 1-13　同构组网下 4G/5G 覆盖图

2) 异构网络场景

异构网络场景下，宏站和小站同时混合部署。LTE 提供宏覆盖，5G NR 作为小站提供覆盖和热点容量增强,如图 1-14 所示。

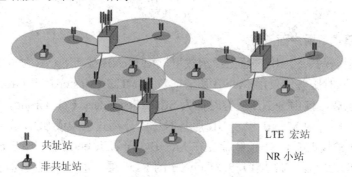

图 1-14 异构组网下 4G/5G 覆盖图

2. 双连接锚点

非独立组网在无线接入网侧表现就是双连接,包括 EN-DC(Option 3 系列)、NE-DC (Option 4 系列)和 NGEN-DC(Option 7 系列)。区别在于 EN-DC 的控制面锚点在 LTE eNB, NE-DC 的控制面锚点在 5G gNB,NGEN-DC 的控制面锚点在 NG eNB。

国内运营商目前 NSA 组网主要采用 Option 3 系列(3/3a/3x)组网方式,等 5G 核心网成熟以后可以演进到 Option 7 系列(7/7a/7x)组网方式,最终演进方向是全 5G 组网,如图 1-15 所示。

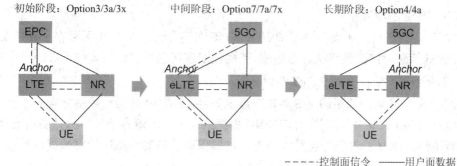

图 1-15 国内运营商 5G 组网演进策略

在 Option 3 系列组网方式下,LTE 和 5G 基站都连接在 4G 核心网上,LTE eNB 总是作为主基站(Master eNB,MeNB),5G gNB 作为从基站(Secondary gNB,SgNB),LTE eNB 和 5G gNB 通过 X2 接口(3GPP TR-38801 中定义了新的接口 Xx,同时建议以 X2 接口为基础,扩展部分功能以实现 Xx 接口功能。后续版本中就没有提及 Xx 接口,所以本书继续沿用 X2 接口)连接,如图 1-16 所示。

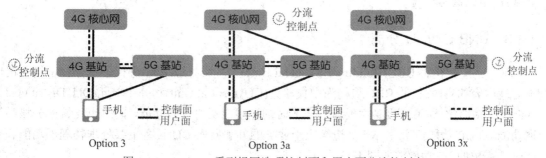

图 1-16 Option 3 系列组网选项控制面和用户面分流控制点

控制面上 S1-C 终结在 LTE eNB，LTE 和 5G gNB 之间的控制面信息通过 X2-C 接口进行交互。

3. 双连接模式下用户面承载

不同的双连接模式下，用户面无线承载可以由 MeNB 或者 SgNB 独立服务，也可以由 MeNB 和 SgNB 同时服务。仅由 MeNB 服务时称为 MCG (Master Cell Group，MeNB 控制的服务小区组)承载，仅由 SgNB 服务时称为 SCG (Secondary Cell Group，SgNB 控制的服务小区组)承载，同时由 MeNB 和 SgNB 服务时称为分离式承载或 SCG 分离式承载。

在 Option 3 的情况下，S1 承载建立在 MeNB，即 LTE eNB 上，LTE eNB 通过分离式承载，可以将 PDCP 包经 X2 接口转发到 gNB 的 RLC 层，也可以直接通过本地 RLC 发送给终端；Option 3a 会在 MeNB 和 SgNB 分别建立承载，数据在核心网侧分离，这种模式对 MeNB 和 SgNB 的 PDCP 层不会产生影响；Option 3x 下，分离式承载建立在 SgNB 即 5G gNB 侧，5G gNB 可以通过 X2 接口将 PDCP 包转发给 LTE eNB，也可以直接通过本地的 NR RLC 进行传输。

4. sgNB 添加触发方式

在 EN-DC 双连接中，添加从站触发方式有 SgNB 盲添加、基于邻区测量报告的 SeNB 添加和基于流量的 SgNB 添加。

1) SgNB 盲添加

终端接入 LTE 后，如果终端支持 LTE/5G 双连接，而且 LTE 小区配置了支持 LTE/5G 双连接的 5G 邻区，且 X2 链路状态是通的，就触发双连接建立过程为该终端添加一个 SgNB。

2) 基于邻区测量报告的 SgNB 添加

终端接入 LTE 后，如果满足 SgNB 盲添加条件，LTE eNB 会给终端配置一个测量事件来触发终端对 5G 邻区进行测量。LTE eNB 根据终端上报的测量结果，选择满足条件的 5G 邻区进行 SgNB 添加的过程。这种添加方式能够保证选择的 SgNB 给终端提供更稳定可靠的双连接服务。

3) 基于流量的 SgNB 添加

根据终端测量上报的结果，LTE eNB 会把满足 SgNB 添加条件的 5G 邻区保存下来，然后根据终端的流量或者待调度的数据量来决定是否添加 SgNB。如果某个终端待调度数据量超过一定的门限，LTE eNB 可以针对该终端选择一个最好的 5G 邻区发起 SgNB 添加流程。这种基于流量的 SgNB 添加方式只会给有需要的终端进行 SgNB 的添加，可以降低 X2 接口上的信令负载。

1.4.3 gNB CU/DU 分离

5G RAN 架构将 BBU(Building Base band Unite，基带处理单元)进行了拆分和重构，根据处理内容的实时性，将 BBU 重构为中央单元(CU，Central Unit)和分布单元(DU，Distributed Unit)2 个功能实体。CU 设备主要包括非实时的无线高层协议栈功能，同时也支持部分核心网功能(如 UP 功能)下沉和 MEC 边缘应用业务的部署；而 DU 设备主要处理物理层功能和实时性需求的 L2 功能，如图 1-17 所示。

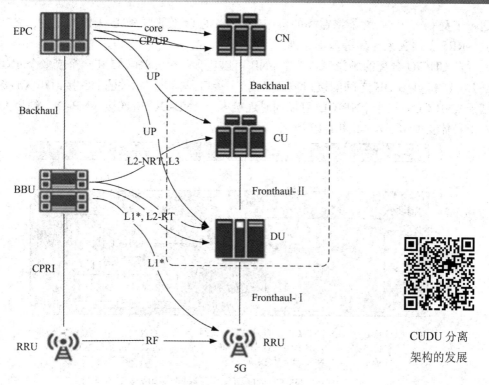

图 1-17 4G/5G 接入网架构对比

CUDU 分离
架构的发展

为了节省 RRU 与 DU 之间的传输资源，部分物理层功能也可下移至 RRU 实现；同时为了实现 Massive MIMO，支持更多的天线，将 RRU 和天线集成到一起，成为 AAU(Active Antenna Unit，有源天线单元)，如图 1-18 所示。

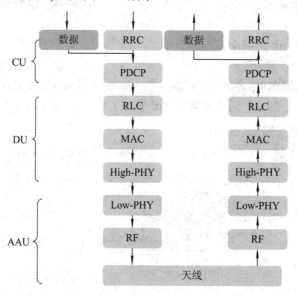

图 1-18 5G NR 无线网络按协议层分层切分

对 LTE CPRI 接口(Common Public Radio Interface，通用公共无线接口)进行增强，引入基于下一代前端传输接口(NGFI)的 eCPRI 接口，eCPRI 接口遵循统计复用、载荷相关的自适应带宽变化、支持性能增益高的协作化算法、接口流量与 RRU 天线数无关、空口技术中立、RRS 归属关系迁移等基本原则。

在 CU/DU 分离的场景下，一个 gNB 可以包含一个 gNB-CU 和一个或多个 gNB-DU。gNB-CU 和 gNB-DU 之间的接口被命名为 F1 接口。与 gNB 相关的 NG 接口和 Xn 接口都终结于 gNB-CU。一个 gNB-CU 可以同时连接多个 gNB-DU(所连接 gNB-DU 的最大数量取决于具体实现情况)，如图 1-19 所示。

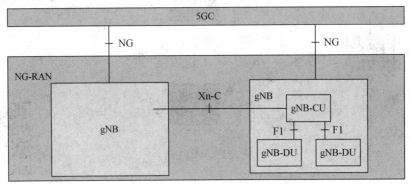

5GC：5G 核心网	gNB-CU：5G 基站集中式网元	NG-RAN：下一代无线接入网
F1：F1 接口	gNB-DU：5G 基站分布式网元	Xn-C：Xn 接口控制面
gNB：5G 基站	NG：下一代接口	

图 1-19　5G NR CU/DU 切分后无线网络构成及相关接口

gNB-CU 是一个包含 RRC、服务数据适应协议(SDAP)层和 PDCP，并控制一个或多个 gNB-DU 行为的逻辑节点。gNB-CU 通过 F1 接口和 gNB-DU 相连。

gNB-DU 是一个包含 RLC、MAC 和 PHY，并被 gNB-CU 控制的逻辑节点。一个 gNB-DU 支持一个或多个小区，但一个小区只能从属于一个 gNB-DU。gNB-DU 通过 F1 接口和 gNB-CU 相连。

基于 5G NR 灵活的 3 层架构和高效的 eCPRI 接口，5G NR 可以通过 CU/DU/AAU 的灵活组合达到部署的多样化。

根据 DU 前置或集中部署，CU 前置、集中部署或者云化，5G NR 部署方式可组合为传统基站部署、DU 分部 CU 云化部署和 DU 集中 CU 云化部署等 3 种方式。

1. 传统基站部署(分布式部署)

与传统的 3G/4G 基站类似，DU/CU 同址安装于站点机房，AAU 与 DU 通过光纤直连，如图 1-20 所示。

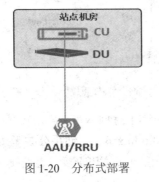

图 1-20　分布式部署

移动通信
接入网的发展

DU/CU 均部署在站点机房或室外机柜，但 CU 可扩展性小、不便于统一管理，故传统部署方式更适合部分对时延要求极其敏感的业务。

2. DU 分布 CU 云化部署

DU 分布 CU 云化部署方式 RRU 与天线合设为 AAU，DU 同址安装于本站机房，RRU 与 DU 通过光纤直连，CU 集中安装于中心机房，CU 与 DU 通过传输网络连接，如图 1-21 所示。

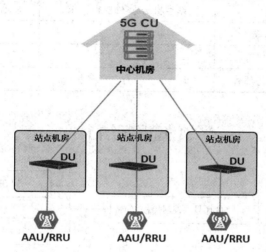

图 1-21　DU 分布 CU 云化部署方式

DU 分布 CU 云化部署方式传输资源需求小，CU 统一部署，便于管理维护，适合于小规模集中部署。

3. DU 集中 CU 云化部署

此部署方式 RRU 与天线合设为 AAU，DU 可集中安装于站点机房或中心机房，RRU 与 DU 通过传输网络连接，CU 云化，并通过传输网络与 DU 连接，如图 1-22 所示。

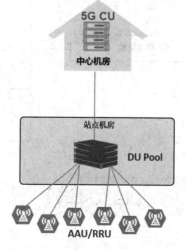

图 1-22　DU 集中 CU 云化部署方式

CU 云化后，MEC 等应用下沉到中心机房，与 CU 共享硬件，逻辑独立，有利于提升用户体验。CU 云化可实现统一的多连接锚点，位置较高，减少传输反传，减少不必要的切换，集中的控制面可以实现资源的合理调度，享受统计复用增益。同时也存在着一定的弊端，首先是管理复杂度提高，安全性和可靠性要求提高；其次由于 CU 层级提高，信令时延也相应增加。在考虑 CU 云化部署的时候，需要综合考虑以上因素。

不同的 CU/DU 部署方式对机房资源的需求不同，具体区别见表 1-3。

表 1-3　不同部署方式的区别

部署方式	站点机房/室外机柜需求	中心机房空间需求
传统基站部署	有	—
DU 分布 CU 云化部署	有	小
DU 集中 CU 云化部署	有	大

【知识归纳】

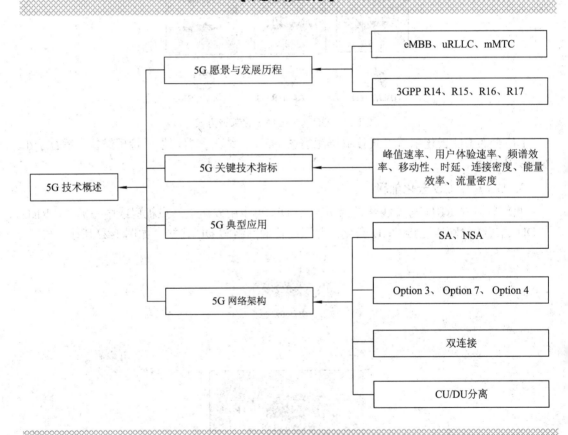

【自我测试】

一、单选题

1. gNB 和 5GC 之间是(　　)接口。

A. F1   B. S1   C. Xn   D. NG

2. 5G 空口时延可达到 1 ms，因此可以支持(　　)类型业务。

A. eMBB   B. NB-IOT   C. mMTC   D. uRLLC

3. 国内 5G 采用 NSA 组网时，主要采用(　　)方式部署。

A. Option 2   B. Option 3a   C. Option 3x   D. Option 7x

4. CU/DU 高层分割后，(　　)作为 CU 单元。

A. PDCP 和 RRC   B. RRC 和 RLC

C. RLC 和 MAC   D. PDCP、RRC 和 RLC

5. 5G 网络采用 SA 组网时，以下(　　)是 SA 组网的优点。

A. 按需建设 5G，建网速度快，投资回报快

B. 需要独立建设 5GC 核心网

C. 标准冻结较早，产业相对成熟，业务连续性好

D. 支持 5G 各种新业务及网络切片

二、多选题

1. 以下(　　)属于 ITU IMT-2020 定义的 5G 应用场景。

A. eMBB   B. NBIoT   C. mMTC   D. uRLLC

2. 关于 5G CU/DU 描述正确的是(　　)。

A. CU 处理非实时功能，采用通用处理器

B. Low-PHY 移入 AAU，降低前传的带宽压力

C. DU 处理实时部分，采用专用处理器

D. AAU/DU/CU 可以采用和传统 3G/4G 一样的分布式部署方式，都布置在站点机房。

3. 在 5G NR 实现 CU/DU 分离后，以下(　　)是可选的组网方式。

A. CU/DU 分布式部署

B. CU 云化 DU 分布式部署

C. CU 集中 DU 云化式部署

D. CU 云化 DU 集中式部署

4. 关于 Option 3x 组网，以下描述正确的是(　　)。

A. 控制面上 S1-C 终结在 LTE eNB

B. LTE 和 5G gNB 之间的控制面信息通过 X2-C 接口进行交互

C. 在 MeNB 和 SgNB 分别建立承载，数据在核心网侧分离

D. 5G gNB 可以通过 Xx 接口将 PDCP 包转发给 LTE eNB

5. 关于 Option 3x 和 Option 7x 组网，以下描述正确的是(　　)。

A. 这两种组网方式可以实现双连接

B. 这两种组网方式 LTE eNodeB 都需要升级到 NG eNodeB

C. 这两种组网方式都需要 5GC

D. 这两种组网方式都是由 5G gNB 来进行用户面数据分流的。

三、填空题

1. 5G 基站的两个功能实体是_____和_____。

2. 集成天线、射频的一体化形态的设备是_____。

3. 当 5G 的 CU 和 DU 分离时，CU 和 DU 之间用户面接口为_____。

4. Option 4 的组网方式是_____。

5. 5G NSA 相关协议在 3GPP_____版本中确定。

四、判断题

1. Option 3 与 Option 7 的区别在于，Option 3 的核心网采用 EPC，使用 NG eNB，而 Option 7 的核心网采用 5GC，使用 LTE eNB。（   ）

2. 5G 网络可以支持终端 450 km/h 的移动速度。（   ）

3. 5G 基站的名称是 NG eNodeB。（   ）

4. 超高清视频属于 5G uRLLC 应用场景。（   ）

5. Option 4 属于 5G SA(独立组网)方式。（   ）

五、简答题

1. 画出 5G 接入网实现 CU/DU 分离后接入网组网图并标记相关接口名称。

2. 简要描述 Option 7x 组网场景下，控制面和用户面数据的分发路径。

3. 简要描述 3GPP 5G 相关协议的发展历程及各阶段主要内容。

4. 简述当前 5G 协议最新进展。

5. 简述当前 5G 有哪些新业务。

模块二　5G NR 新空口

目标导航

➢ 了解 Massive MIMO 的工作原理；
➢ 了解 5G 波束管理的一般过程；
➢ 了解非正交多址、D2D 通信和同时双工技术的工作原理；
➢ 理解和掌握上下行解耦、BWP 的工作过程；
➢ 理解和掌握 5G 基于子载波间隔的参数集配置；
➢ 理解和掌握 5G eMBB 场景下上行和下行时隙配置以及相关系统参数解读；
➢ 理解和掌握 5G SSB 相关配置参数，和不同场景下使用方法；
➢ 理解和掌握 5G 系统消息含义，及相关参数解读。

教学建议

模 块 内 容	学时分配	总学时	重点	难点
2.1　5G NR 关键技术	8			√
2.2　NR 帧结构	4	20	√	√
2.3　NR 空口信道	6			√
2.4　NR 系统消息	2			√

内容解读

2016 年 3 月，3GPP 着手 5G 新空口(New Radio，NR)的标准化工作，旨在开发一个统一的、更强大的无线空口——5G 新空口。2018 年 1 月，在 R15 early drop 中发布首个 5G NR 规范，主要关注 eMBB 业务，也开启了 NR 不断演进的技术路线图。在后续的 R16、R17 版本中，5G 新空口对 uRLLC 和 mMTC 的业务持续提升。

5G 新空口和 4G 空口一样也是基于 OFDM 技术，在帧结构方面为应对新业务要求提出了改进，增加了对大连接和低时延的支持，因此更加灵活，频谱效率也更高。本模块重点介绍 5G NR 为实现高速率、超低时延、高可靠性而引入的关键技术和目前还在研究的候选技术。

2.1 5G NR 关键技术

2.1.1 Massive MIMO

1. MIMO 技术

MIMO(Multiple-Input Multiple-Output)技术是指通过在通信系统的发送与接收端采用多个天线进行独立传输，在不增加频谱资源和发射功率的前提下，提高无线接入网络的频谱效率与信道容量，其信道模型如图 2-1 所示。

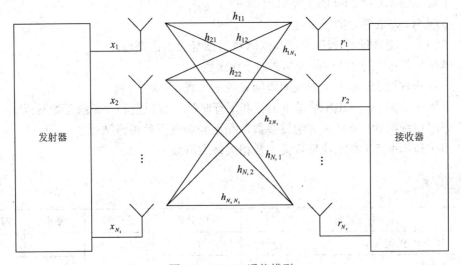

图 2-1 MIMO 通信模型

图 2-1 所示的 MIMO 系统的信号模型可以表示为如下公式：

$$\begin{bmatrix} r_1 \\ r_2 \\ \vdots \\ r_{N_r} \end{bmatrix} = \begin{bmatrix} h_{11} & h_{12} & \cdots & h_{1N_t} \\ h_{21} & h_{22} & \cdots & h_{2N_t} \\ \vdots & \vdots & & \vdots \\ h_{N_r1} & h_{N_r2} & \cdots & h_{N_rN_t} \end{bmatrix} \begin{bmatrix} x_1 \\ x_2 \\ \vdots \\ x_{N_t} \end{bmatrix} + \begin{bmatrix} n_1 \\ n_2 \\ \vdots \\ n_{N_t} \end{bmatrix} \tag{2-1}$$

写成矩阵形式为

$$r = H \cdot x + n \tag{2-2}$$

由此 MIMO 将多径无线信道与发射、接收视为一个整体进行优化，从而实现高的通信容量和频谱利用率。这是一种近于最优的空域时域联合的分集和干扰对消处理。有关 MIMO 信道估计的脚本文件可在西安电子科技大学出版社网站"资源中心"栏目下载。

中兴通讯《5G Massive MIMO 网络应用》

2. Massive MIMO 技术

Massive MIMO(大规模天线技术，亦称为 Large Scale MIMO)最早由美国贝尔实验室研究人员提出。研究发现，随着天线数目的持续增加，系统接收端的噪声、小尺度衰落以及小区内用户间干扰会逐渐消失，从而可以大幅度提高系统容量，降低系统能耗。

Massive MIMO 技术有一些传统 MIMO 方式无法比拟的物理特性和性能优势，主要体现在以下几个方面：

(1) 提升系统的总容量。随着天线数量的增加，不同用户间的信道将呈现出渐进正交特性，用户间干扰可以部分抵消甚至完全消除，从而可以容纳更多的用户，提升系统容量。

(2) 简化调度策略。基站天线数量的增加使得信道快衰落和热噪声被有效平均，从而以极大概率避免了信号陷于深衰落，大大缩短空中接口等待延迟，简化调度策略。

(3) 提升频率效率。大量天线的使用，使得波束能量可以聚焦对准到很小的空间区域，能深度挖掘空间维度资源，使得基站覆盖范围内的多个用户在同一时频资源上与基站同时进行通信，提升频谱资源在多个用户间的复用能力，从而在不增加基站密度和带宽条件下提升频谱效率。

(4) 提升能量效率。大规模 MIMO 系统可形成更窄的波束，集中辐射于更小的空间区域内，从而使基站与 UE 之间的射频传输链路上的能量效率更高，减少基站发射功率损耗，是构建未来高能效绿色宽带无线通信系统的重要技术。

(5) 降低部署和运行成本。Massive MIMO 提供了大量额外的自由度，可以用于发射信号波束赋形，甚至可以采用恒定包络信号，从而有效降低发射信号的峰均比，使得射频前端可以采用低线性度、低成本和低功耗的功放，降低设备制造成本和后续运行能耗。

3. Massive MIMO 相关技术

1) 信道估计

无线通信中由于传播场景的不同，传播过程中的多径衰落也不一样，接收端收到的信息都是经过衰落后的信号，要正确译出原始信息，需要对接收到的信号做出合理的估计，通过调整补偿参数达到译码要求，此过程中信道估计的准确性非常关键，只有准确估算出已有的信道信息才能计算补偿参数。

目前主要的信号估计分为三类：非盲估计、盲信道估计、半盲信道估计，在三类估算方法中基于训练序列的非盲估计是较为常用的方法。Massive MIMO 系统能够大规模提升系统性能和可靠性，很大程度依赖于在小区基站获得准确的上下行信道状态信息(CSI)，假如不能获取准确的 CSI，就不能利用预编码等技术来提升系统的可靠性。

目前大部分 Massive MIMO 技术研究主要基于 TDD 制式，由于上下行信道具有互易性，故可以根据上行链路信道来估计下行链路信道，在 TDD 制式下能够较优地获取 CSI 并且较好地提升系统性能。

2) 预编码

预编码是在已知 CSI 的情况下，利用预先设计的预编码器，通过调整发射机的发射功率、发射方向等参数，让预处理过的信号特性与信道特性相匹配，方便接收机进行信号检测，从而有效提升区域内无线通信系统的平均吞吐量。

预编码算法有线性预编码和非线性预编码，线性预编码有迫零(ZF)预编码、正规化迫零(RZF)预编码、匹配滤波(MF)预编码、最小均方误差(MMSE)预编码等，非线性预编码有脏纸编码(DPC)、恒定包络(CE)、THP 预编码算法等。

3) 信号检测

信号在传输过程中都会受到不同情况的干扰，能否准确地从干扰信号中获取有用信息，除了与信号本身有关之外，还与信号处理方式密切相关，所以信号检测在 Massive MIMO 中有着至关重要的地位。

信号检测的主要目的就是在特定场景下选出获取信息的最优处理方式，从而最大化提升系统容量。

线性信号检测的基本原理是用线性滤波器来分离混合的信号，然后将分离的信号矢量与一个特定的矩阵相乘，根据结果进行数据的判决。目前线性检测的主要算法有迫零(ZF)检测、最大比合并(MRC)、最小均方误差检测(MMSE)。非线性检测算法有球形译码(SD)、MMSE-SIC 算法等。

不同的检测算法适用的场景各不相同，其中 MMSE 算法复杂度较高，适用于少量天线数量场景；ZF 算法适用于信噪比较高场景；MRC 计算复杂度较低，适用于天线数量较多场景；非线性编码中的 SD 和 MMSE-SIC 算法均比较复杂，适用于天线数量较少场景。

在 5G Massive MIMO 中，采用的是与毫米波结合的大规模天线阵列，适合用复杂度比较低的算法。

2.1.2 波束管理

多天线阵列可以通过天线阵元的输出，产生强方向性的辐射方向图，使得大部分辐射能量聚集在一个非常窄的区域，使用的天线单元越多，波束宽度可以做得越窄，不同波束之间的干扰也越小，如图 2-2 所示。有关偶极子天线及阵列辐射方向的脚本文件可在西安电子科技大学出版社网站"资源中心"栏目下载。

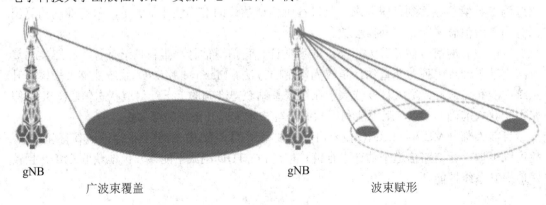

gNB 广波束覆盖　　　　gNB 波束赋形

图 2-2　宽/窄波束覆盖对比

但是当用户偏离波束的指向，用户接收到的无线信号也会迅速衰减。所以如何将波束快速对准用户便成为 5G 波束管理(Beam Management)的重要内容。

5G 波束管理主要包括初始波束建立、波束调整和波束失败恢复等 3 个流程，如图 2-3 所示。

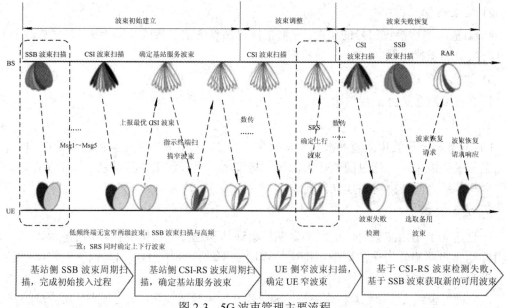

图 2-3　5G 波束管理主要流程

1. 波束初始建立

波束初始建立一般分为波束扫描、波束测量、波束决策和波束上报等 4 步。

1) 波束扫描

为了快速对准波束、缩短波束扫描时长，5G 提出了分级扫描的策略，由宽到窄进行扫描，如图 2-4 所示。

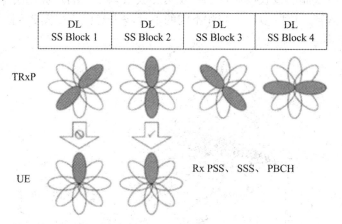

图 2-4　5G 分阶段波束扫描

波束扫描通常包含以下过程：

P1 阶段——基站/终端波束粗扫描：基站使用基于 SSB 的小区级宽波束扫描，终端使用不同的宽波束接收并通过 PRACH 接入。

P2 阶段——基站精准扫描：基站使用 CSI-RS 窄波束进行扫描用以对 Tx 进行细化，终端使用最优宽波束接收。

P3 阶段——终端精准扫描：基站使用从 P2 阶段选出的最佳 CSI-RS 波束传输给 UE，终端使用多个窄波束接收，UE 更新其最佳 Rx 波束。

2) 波束测量

终端/基站评估接收信号的质量，评估指标包括参考信号接收功率、参考信号接收质量、信号与噪声加干扰比等。

3) 波束决策

根据波束测量选择最优波束。

4) 波束上报

UE 向基站上报波束质量和波束决策信息，以建立基站和终端之间的波束定向通信。当终端选择最佳波束后，通过随机接入流程，将波束质量和波束决策信息上报给基站，以实现终端与基站之间波束对齐建立定向通信。

2. 波束调整

一旦建立了初始波束对，就需要定期重新评估和选择发送侧和接收侧的波束方向，以抵消移动和终端旋转带来的影响。即便终端固定不动，环境因素(如其他移动物体)也会影响波束对的信号质量。

波束调整也包含波束精炼，比如初始波束建立使用较宽波束，而连接态使用较窄的波束。

波束对包含发送侧的波束成形和接收侧的波束成形，在 TDD 系统中，由于收发对等，仅需调整一个方向即可，即调整基站的发送波束，其接收波也按相同规律调整即可。

调整下行发送和接收波束对，对应波束调整分为两个独立的步骤：

(1) 调整基站侧发送波束方向。

在当前终端侧接收波束方向不变的情况下，重新评估和调整基站侧发送波束方向。此时假定终端侧使用以前的接收波束，下行发送侧波束调整目的是优化网络波束发送。终端测量一系列参考信号，这些参考信号和不同的下行波束对应，如图 2-5 所示。

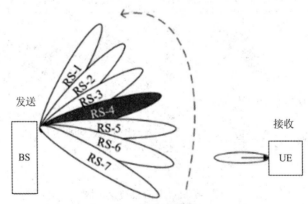

图 2-5 基站侧波束调整

如参考信号在不同下行波束内的发送需要按序执行，那么测量也要按序执行，即需要执行波束扫描。随后将测量结果上报给网络，基于上报的结果，网络可以决定是否调整当前波束。注意这种调整可能不需要选择设备已测量的一个波束，比如网络可能决定采用两个上报波束之间的波束方向发送数据。

（2）调整终端接收侧波束方向。

在当前基站侧发送波束方向不变的情况下，重新评估和调整终端接收侧波束方向。此时假定基站侧是使用当前的发送波束，接收侧波束调整目的是终端寻找最佳的接收波束，如图 2-6 所示。

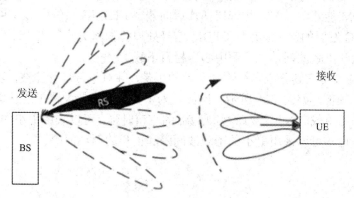

图 2-6　终端侧波束调整

终端通过按序使用不同波束对基站下行参考信号进行测量，基于该测量，终端能调整当前的接收波束。

3. 波束失败恢复

由于无线传播环境中存在的移动或者其他因素可能导致已建立的波束对被快速地阻塞且来不及执行正常的波束调整，从而导致连接中断。为此 5G NR 标准中制定了波束恢复的流程来应对此场景，如图 2-7 所示。

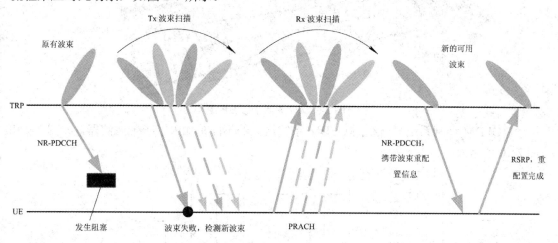

图 2-7　波束恢复流程

图 2-7 中波束失败/恢复包含如下步骤：

（1）波束失败检测：终端检测到发生了波束失败。

（2）候选波束扫描：终端尝试识别新的波束，即识别可能恢复连接的波束对。

（3）恢复请求传输：设备传输波束恢复请求给网络。

（4）网络响应波束恢复请求。

2.1.3 OFDM 波形设计

F-OFDM(Filtered-Orthogonal Frequency Division Multiplexing)是一种可变子载波带宽的自适应空口波形调制技术，是基于 OFDM 的改进方案。F-OFDM 能够实现空口物理层切片后向兼容 LTE 4G 系统，又能满足未来 5G 发展的需求。有关 OFDM 信号处理的脚本文件可在西安电子科技大学出版社网站"资源中心"栏目下载。

F-OFDM 原理

将 OFDM 载波带宽划分成多个不同参数的子带，并对子带进行滤波，而在子带间尽量留出较少的隔离频带，如图 2-8 所示。比如，为了实现低功耗大覆盖的物联网业务，可在选定的子带中采用单载波波形；为了实现较低的空口时延，可以采用更小的传输时隙长度；为了对抗多径信道，可以采用更小的子载波间隔和更长的循环前缀。

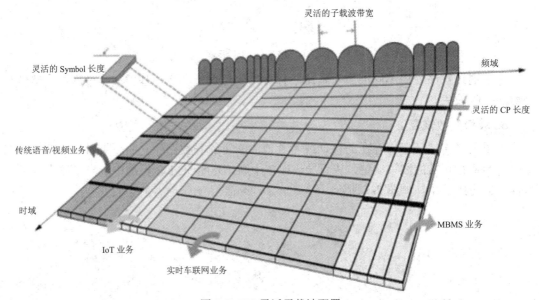

图 2-8　5G 灵活子载波配置

F-OFDM 调制系统与传统的 OFDM 系统最大的不同是加入了子带滤波器，如图 2-9 和图 2-10 所示。

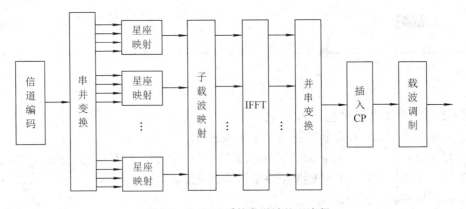

图 2-9　OFDM 系统发送端处理流程

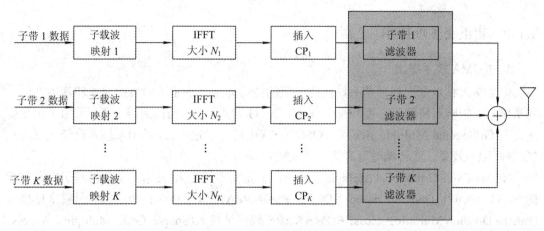

图 2-10　F-OFDM 系统发送端处理流程

对不同的子带可以采用不同参数的子带滤波器,通过子带滤波器的时域聚焦可以减少符号间干扰,通过频域聚焦可以降低带外频谱泄漏,从而实现不同场景下对不同性能的要求。

仿真结果表明,F-OFDM 可以有效地降低带外泄漏,降低频谱的保护带开销,提高频谱利用率,如图 2-11 所示。

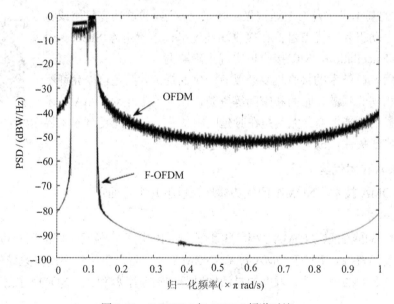

图 2-11　F-OFDM 与 OFDM 频谱对比

相较于 LTE 10%的保护带宽要求,5G NR 只需要 2%~3%的保护带宽。在 20 MHz 带宽、15 kHz 子载波带宽下,LTE 和 NR 可用资源对比见表 2-1。

表 2-1　LTE 与 NR 可用资源对比

	RB/个	子载波/个	实际使用带宽/MHz	带宽利用率/%
LTE	100	1200	18	90
NR	106	1272	19.08	95.4

2.1.4 非正交多址技术

1. NOMA 技术提出

多址接入技术是无线通信系统网络升级的核心问题，决定了网络的容量和基本性能，并从根本上影响系统的复杂度和部署成本。从 1G 到 4G 无线通信系统，大都采用了正交多址接入(Orthogonal Multiple Access，OMA)方式来避免多址干扰，OMA 技术已经无法满足 5G 对高频谱效率、低传输时延和海量连接的需求。

NOMA(Non-Orthogonal Multiple Access，非正交多址接入)技术方案包括基于功率分配的 NOMA(Power Division based NOMA，PD-NOMA)、基于稀疏扩频的图样分割多址接入(Pattern Division Multiple Access，PDMA)、稀疏码多址接入(Sparse Code Multiple Access，SCMA)以及基于非稀疏扩频的多用户共享多址接入(Multiple User Sharing Access，MUSA)、基于交织器的交织分割多址接入(Interleaving Division Multiple Access，IDMA)和基于扰码的资源扩展多址接入(Resource Spread Multiple Access，RSMA)等 NOMA 方案。尽管不同的方案具有不同特性和设计原理，但由于资源的非正交分配，NOMA 较传统的 OMA 具有更高的过载率，从而在不影响用户体验的前提下增加了网络总体吞吐量，满足 5G 的海量连接和高频谱效率的需求。

NOMA 的基本思想是在发送端采用非正交发送，通过功率复用或特征码本设计主动引入干扰信息；在接收端通过串行干扰消除(Successive Interference Cancellation，SIC)接收机实现正确解调。

串行干扰消除 SIC

虽然采用 SIC 技术的接收机复杂度有一定的提高，但是可以允许不同用户占用相同的频谱、时间和空间等资源，在理论上相对 OMA 技术可以取得明显的性能增益，尤其是在时延限制条件下，因此受到学术界和工业界的广泛关注，成为 5G 重要的候选技术。

2. NOMA 技术优势

相比于 OMA 技术，NOMA 的优势体现在以下几个方面：

1) 信道容量

通过加标签的方法，NOMA 技术可以区分不同的用户，使得不同的用户可以在时间域和频率域上复用资源。相对于 OMA 技术，NOMA 技术可以更接近多用户系统的容量上限。此外，在用户之间的公平性、调度的灵活性以及传输速率总和上，NOMA 技术都具有更明显的优势。

2) 提升频谱效率和小区边缘吞吐量

在 NOMA 中，用户分享非正交的时频资源，在 AWGN 信道中，虽然 OMA 和 NOMA 都可以达到容量上限，但是 NOMA 可以保证更大的用户公平性。

3) 大连接

在 NOMA 中，支持的用户数量不受正交时频资源的严格限制。因此，在资源不足的情况下，NOMA 能够显著增加同时连接的用户数量，从而支持大规模连接。

4) 更低的延迟和更少的信令开销

在传统的依赖于访问授权请求的 OMA 中，用户发起连接必须先向基站发送调度请求，基站在收到请求之后，通过下行链路发送信号来调度响应用户的接入请求。因此这将极大增加传输延迟和信令开销，在 5G 的大规模连接、超低时延场景下这是不可接受的。

5) 不需要准确的信道状态信息

在功率域 NOMA 中，对信道状态信息的准确性要求降低，因为信道状态信息仅仅用于功率分配。只要信道不快速改变，不准确的信道状态信息将不会严重影响系统性能。

3. NOMA 工作过程

PD-NOMA 根据用户信道质量差异，给共享相同时域、频域、空域资源的不同用户分配不同的功率，在接收端通过 SIC 技术将干扰信号删除，从而实现多址接入和系统容量的提升，PD-NOMA 相对 OMA 可以显著提升单用户速率以及系统和速率，尤其是小区边缘用户速率。

下面以下行单小区 1 个基站服务 2 个用户为例，展示 PD-NOMA 方案的发送端和接收端信号处理流程，如图 2-12 所示。

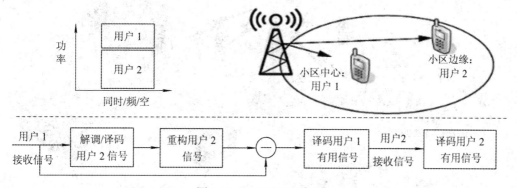

图 2-12 SIC 处理示意图

图 2-12 中各流程说明如下：

(1) 基站发送端。假设用户 1 离基站较近，信噪比(Signal Noise Ratio，SNR)较高，分配较低的功率，用户 2 离基站较远，SNR 较低，分配较高的功率。基站将发送给两个用户的信号进行线性叠加，利用相同的物理资源发送出去。

(2) 用户 1 接收端。用户 1 的接收信号为 y1。由于分给用户 1 的功率低于用户 2，若想正确译码用户 1 的有用信号，需先解调/译码并重构用户 2 的信号，然后进行删除，进而在较好的信噪比条件下译码用户 1 的信号。

(3) 用户 2 接收端。用户 2 的接收信号为 y2。虽然用户 2 的接收信号中，存在传输给用户 1 的信号干扰，但这部分干扰功率低于用户 2 的有用信号功率，不会对用户 2 带来明显的性能影响。因此，可以直接将用户 1 的干扰当作噪声处理，直接译码得到用户的有用信号。

上行 PD-NOMA 的收发信号处理与下行基本对称，叠加的多用户信号在基站接收端通过干扰删除进行区分。其中，对于先译码的用户信号，需要将其他共调度的用户信号当成干扰。

2.1.5 D2D 通信

D2D(Device to Device)技术也称为邻近服务(Proximity Service，ProSe)，是指通信网络中近邻设备之间直接交换信息的技术。通信系统或网络中，一旦 D2D 通信链路建立起来，传输数据就无需核心设备或中间设备的干预，如图 2-13 所示。这样可降低通信系统核心网络的数据压力，大大提升频谱利用率和吞吐量，扩大网络容量，保证通信网络能更为灵活、智能、高效地运行，为大规模网络的零延迟通信、移动终端的海量接入及大数据传输开辟了新的途径，由此 D2D 也成为了 5G 主要的候选技术。

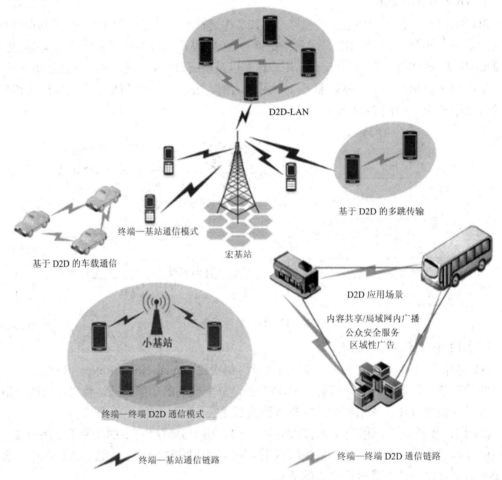

图 2-13　D2D 通信示意图

1. D2D 通信优势

基于 5G 的 D2D 可以充分利用新一代移动通信技术的前所未有的超大带宽、超高数据传输速率、大规模接入能力和大数据处理能力，彰显其优势，具体表现在以下方面：

(1) 近距离通信时可以较小的功率获得较快的传输速率。

(2) 数据传输无需依赖移动通信网络，直通终端间直接建立通信链路进行数据交互，分流数据流量，降低基站负荷，缓解核心网压力。

(3) D2D 通信可通过复用移动通信网络小区频谱资源提高频谱资源利用率，从而增加系统吞吐量。

(4) 具备完整的端到端 QoS 机制，用户服务质量有保障，可以满足不同业务的服务质量需求。

(5) 具备多跳中继功能，网络覆盖范围外的终端设备可借助小区边缘终端，通过多跳的方式接入移动通信网络，间接扩展了蜂窝小区的覆盖范围。

(6) 相较其他近距离通信技术(蓝牙、Wi-Fi Direct 等)，D2D 通信更灵活，既可工作于授权频谱，也可工作于非授权频谱。另外相比蓝牙等技术，D2D 通信无需进行烦琐的匹配，时延更小，传输速率更快。

2. D2D 网络架构

为实现 D2D 通信，需要在移动通信系统网络侧新增 ProSe Function(邻近服务功能实体)和 ProSe Application server(邻近服务应用服务器)这 2 个功能实体，核心网要增加 ProSe 相关业务签约、授权，用户侧终端则需支持 ProSe Application(邻近服务应用)，如图 2-14 所示。

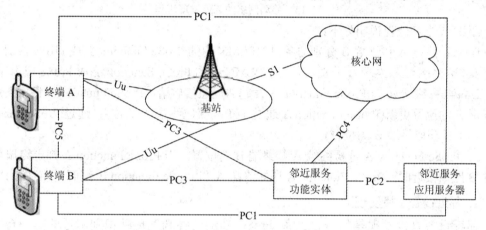

图 2-14 D2D 通信网络架构

移动通信系统要实现设备间的直接通信，需具备以下功能：

(1) 基于移动网络设备发现，也就是终端 A/B 间经由移动网络统一调度、控制，发现彼此的会话请求，从而在终端 A 和终端 B 间建立通信连接。

(2) 邻近设备直接发现，也就是终端 A 和终端 B 间无需移动网络的参与即可发现彼此建立连接。

(3) 设备直连通信，即终端 A 和终端 B 间建立通信连接后，数据传输无需经由移动网络转发直接进行信息交互。终端设备通过复用对应蜂窝小区的频率资源来达到流量分流的效果，从而提升小区吞吐量。

(4) 终端到网络的中继功能，也就是多跳功能，以终端作为中继节点，经多跳接入移动网络。

3. 基于移动网络的邻近发现

为了实现 SUPL(Safety User Plane Location，安全的用户面位置信息)，需要在网络中新增 SLP(SUPL Location Platform，SUPL 定位平台)。增加 SLP 以后，基于移动网络的邻近发现流程如图 2-15 所示。

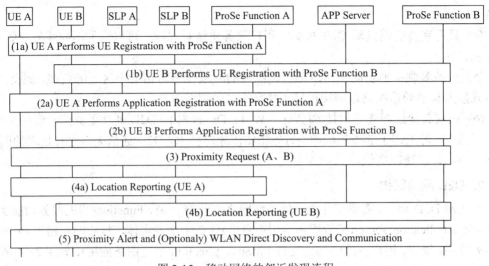

图 2-15　移动网络的邻近发现流程

图 2-15 中各流程说明如下：

1a/1b：终端 A 和终端 B 分别与各自 HPLMN 内的 ProSe Function 完成 ProSe 注册。

2a/2b：终端 A 和终端 B 分别与各自 HPLMN 内的 ProSe Function 完成 ProSe 应用注册。

3/4a/4b：终端 A 向 ProSe Function A 发起邻近通信申请，ProSe Function A 请求终端 A 和终端 B 的位置更新(ProSe Function A 通过 SLP A 获取终端 A 的位置，通过 ProSe Function B 和 SLP B 获取终端 B 的位置)。

5：ProSe Function A 分析终端 A 和终端 B 的位置，当 ProSe Function A 判定终端 A 和终端 B 距离接近时，ProSe Function A 通知终端 A 和 ProSe Function B(继而通知终端 B)。

4. 邻近设备直接发现

邻近设备直接发现是指一台具备 ProSe 功能的终端发现并识别附近的另一台具备 ProSe 功能的终端，该过程可以独立于 ProSe Communication 实现。邻近设备发现流程中，终端设备分为两类工作模式：被发现终端(模式 A)和发现者(模式 B)：

模式 A：被发现的 D2D 终端定期广播特定的发现消息(Discovery Message)，其他 D2D 终端监听、搜寻、发现消息并处理。

模式 B：D2D 发现者发送终端广播特定请求(如包含某个邻近应用的 ID)，被发现的 D2D 终端接收请求并回应。

具体步骤如图 2-16 所示。

图 2-16 中各流程说明如下：

2a：被发现终端向 ProSe Function 发送特定请求。

3a：若步骤(2a)成功，则被发现终端被分配一个邻近应用码(ProSe Application Code)，被发现终端可以在 PC5 接口上广播发现消息。

2b：监听终端向 ProSe Function 发送监听请求。

3b：若步骤(2b)成功，则监听终端被分配一个监听过滤器，包含邻近应用码和邻近应用掩码(ProSe Application Mask)，监听终端可以在 PC5 接口监听发现消息。

4b：如果邻近应用码和邻近应用掩码相匹配，则完成发现，可以建立连接进行通信。

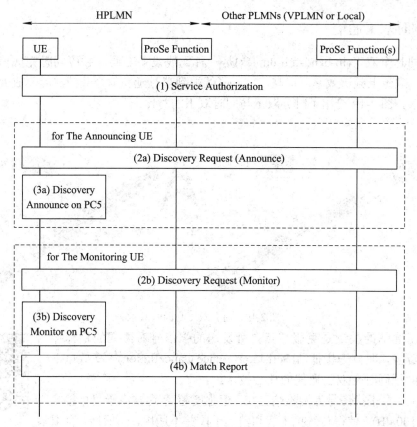

图 2-16　邻近设备直接发现流程

5. 邻近中继通信

邻近中继通信分为两类，即终端到终端的中继通信和终端到网络的中继通信。

终端到终端的中继通信是指一个支持 ProSe 的公共安全终端，在另外两个支持 ProSe 的公共安全终端之间建立中继通信，如图 2-17 所示。

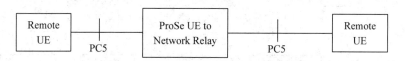

图 2-17　邻近设备到设备中继通信拓扑

终端到网络的中继通信是指一个支持 ProSe 的公共安全终端，在另外一个支持 ProSe 的公共安全终端和网络之间建立中继通信，如图 2-18 所示。

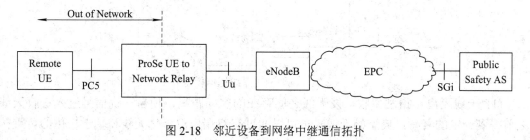

图 2-18　邻近设备到网络中继通信拓扑

2.1.6　同时双工通信

同频同时全双工(in-band-full-duplex)是一种无线设备在同一频段同时完成信号收发的通信体制，理论上频谱效率可提高一倍，降低端到端时延和信令开销，因而成为 5G 重要的候选技术。图 2-19 给出了时分双工与同时双工的对比。

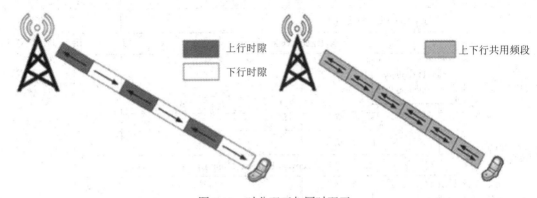

图 2-19　时分双工与同时双工

全双工通信的关键是克服节点自身发送的强信号对微弱的目标接收信号的覆盖，即自干扰抵消(Self-interference Cancellation)。高效自干扰抵消是同频同时全双工通信的核心技术。

理论上，自干扰信号为接收端已知，但强度超高(通常高于目标接收信号 $60 \sim 100$ dB)，使得传统抗干扰和消噪手段并不适用。一般地，全双工自干扰抵消体系由天线隔离、模拟抵消和数字抵消三级组成，如图 2-20 所示。

全双工通信干扰消除技术

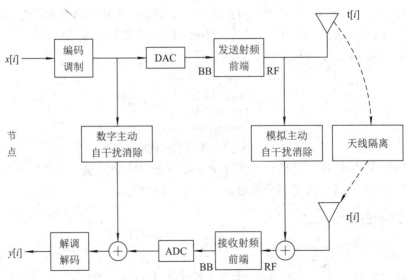

图 2-20　同时双工系统通信模型

(1) 天线隔离：指利用收、发天线之间存在的空间距离，使自干扰信号进入接收天线之前得到一定的衰减。典型的天线隔离可以通过有双端口双极化天线和基于极化的可重构天线的结构来实现，目前的天线隔离技术可以在特定频率带宽实现收发达到近 50 dB 的隔离度。

(2) 模拟抵消：从发送链路引入模拟参考信号，进行适当的幅、相时延调整后送入接收链路，与进入接收机低噪放大器(LNA)之前的自干扰信号相抵消。目前实现的可调多径差值消除结构和基于额外发射链路结合衰减器的结构可以实现 20～30 dB 的隔离度。

(3) 数字抵消：从发送基带获得数字参考信号，经过适当调整还原残余自干扰信号，与之抵消。基带数字域的消除极限取决于 ADC 的动态范围，根据目前商用的 ADC 器件能力，可以提供约 60 dB 的隔离度上限。

仿真和对原型系统的测试显示，由天线隔离、模拟抵消和数字抵消三级组成的自干扰抵消体系，可以实现 70～110 dB 的收发隔离，基本可以满足要求。然而商用全双工系统往往采用低成本、小型化集成电路实现，硬件非理想性就会严重凸显，制约抵消性能，还需要进一步发展各类抵消技术才能投入实际应用。

2.1.7 上下行解耦

5G NR 主流频段为 3.5 GHz(C-band)，链路损耗较大。下行基站侧可通过增大天线发射功率和天线增益等方法，使下行覆盖能力与 LTE 相当。但是，上行终端侧因天线数量和发射功率的限制，上行覆盖能力有限，相差下行约 14 dB，上、下行覆盖严重不平衡。此外，随着技术的发展和算法的优化，未来 5G 上、下行覆盖能力的差异将进一步扩大。因此，在 5G NR 提出了通过上、下行解耦(Supplementary Uplink，SUL)技术来增强上行覆盖率，弥补上行覆盖不足的问题，如图 2-21 所示。

电磁波传输损耗及
传输模型

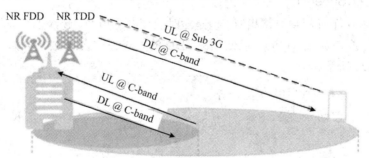

图 2-21　上、下行解耦技术原理

1. SUL 频段

3GPP Release 15 定义的 SUL 频段见表 2-2。

表 2-2　3GPP R15 SUL 频段

NR 频段号	频段/MHz	双工制式	NR 频段号	频段/MHz	双工方式
n80	1710～1785	SUL	n83	703～748	SUL
n81	880～915	SUL	n84	1920～1980	SUL
n82	832～862	SUL	n86	1710～1780	SUL

上、下行解耦还定义了频谱组合方式,利用 SUL 低频段提升上行覆盖,下行数据在 3.5G 频段传输,具体见表 2-3。而在上行覆盖受限区域,上行数据在 2.1G 等低频段传输。低频段上行载波不建立独立小区,采用动态频谱共享技术共享现网 LTE 频段,NR 与 LTE 系统间需进行信息交互。

表 2-3　3GPP R15 TDD 与 SUL 频段组合

NR 频段号	频段/MHz	双工制式	SUL 频段
n78	3300~3800	TDD	n80、n81、n82、n83、n84、n86
n79	4400~5000	TDD	n80、n81

2. SUL 场景下随机接入

随机接入(Random Access,RA)是 UE 在通信前由 UE 基于非竞争的方式向 gNodeB 请求接入,收到 gNodeB 的响应并由 gNodeB 分配随机接入信道的过程。随机接入的目的是建立 UE 和网络的上行同步关系,并请求网络给 UE 分配专用资源,以进行正常的业务传输。

在 SUL 场景下,随机接入多了一步 gNodeB 决策 UE 是否需要在 SUL 上发起随机接入。具体过程是:gNodeB 根据 UE 上报的 C-Band 下行 RSRP(Reference Signal Received Power,参考信号接收功率)来决策 UE 是否在 SUL 载波发起随机接入。若判断 UE 在 SUL 上发起随机接入,gNodeB 将携带有 SUL 载波相关信息的 RRC 重配置消息发给 UE,指示 UE 在 SUL 载波上发起随机接入。其后的操作和正常随机接入流程一样。

3. 超级上行(Super UL)

超级上行和上下行解耦思路相似,但是对时隙调度更精准。超级上行在 3.5G 基础上新增 FDD 低频段通道(如 2.1G 等),以低频段 FDD 的方式进行上行数据传输,从而增强上行覆盖,如图 2-22 所示。

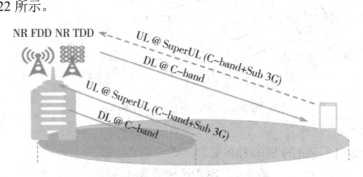

图 2-22　超级上行技术原理

超级上行可在 3.5G 和低频段之间进行 TTI(Transmission Time Interval,传输时间间隔)级灵活切换,3.5G 与低频段时分复用,同一时刻仅一个频段工作。超级上行当 3.5 GHz 频段传送上行数据时,FDD 上行不传送数据,因此可充分利用 3.5G 100 MHz 大带宽和终端双通道发射的优势提升上行吞吐率,同时确保每通道最大发射功率达到 23 dBm,保证最大覆盖,如图 2-23 所示。

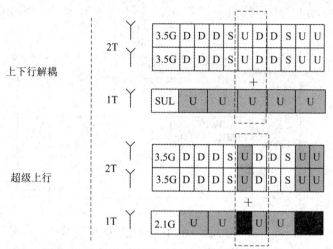

图 2-23 上下行解耦与超级上行时隙调度对比

与 SUL 不同,超级上行不仅能够提升上行覆盖,而且能够提升上行吞吐率和降低时延。在中近点区域支持 3.5G 和低频段间灵活切换,提升上行容量和时延;在远点区域提升 3.5G 上行覆盖。

2.1.8 BWP

部分带宽(Band Width Part,BWP)有时也称带宽自适应(Bandwidth Adaptation),该特性可以降低终端设备的工作带宽,使仅支持小带宽的终端设备能够在系统大带宽小区中工作,并可使终端设备在不同工作状态下使用不同的工作带宽。

5G 的带宽最小可以是 5 MHz,最大能到 400 MHz。如果要求所有终端 UE 都支持最大的 400 MHz,无疑会对 UE 的性能提出较高的要求,不利于降低 UE 的成本。同时,一个 UE 不可能同时占满整个 400 MHz 带宽,如果 UE 采用 400 MHz 带宽对应的采样率,无疑是对性能的浪费。此外,大带宽意味着高采样率,高采样率意味着高功耗。BWP 技术完美地解决了上述问题。

在 LTE 中,UE 的带宽和系统的带宽保持一致,解码 MIB 信息配置带宽后便保持不变。在 NR 中,UE 的带宽可以动态地变化。图 2-24 配置了 3 种不同的 BWP:

(1) BWP1:40 MHz 带宽,SCS 为 15 kHz;

(2) BWP2:10 MHz 带宽,SCS 为 15 kHz;

(3) BWP3:20 MHz 带宽,SCS 为 60 kHz。

图 2-24 中,BWP 工作过程如下:

第一个时刻,UE 的业务量较大,系统给 UE 配置一个大带宽(BWP1)。

第二个时刻,UE 的业务量较小,系统给 UE 配置了一个小带宽(BWP2),满足基本的通信需求即可。

第三个时刻,系统发现 BWP2 所在带宽内有大范围频率选择性衰落,或者 BWP2 所在频率范围内资源较为紧缺,于是给 UE 配置了一个新的带宽(BWP3)。

第四/五个时刻,根据 UE 业务需求、无线信号质量和系统资源调度策略分别给用户分配了 BWP2 和 BWP1。

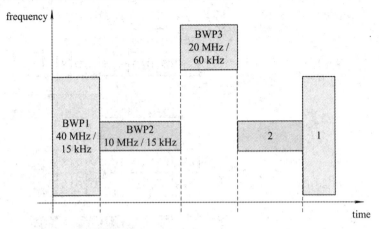

图 2-24　BWP 系统配置样例

UE 在对应的 BWP 内只需要采用对应 BWP 的中心频点和采样率即可。而且，每个 BWP 不仅仅是频点和带宽不一样，每个 BWP 可以对应不同的配置。比如，每个 BWP 的子载波间隔、CP 类型、SSB(PSS/SSS PBCH Block)周期等都可以差异化配置，以适应不同的业务。

BWP 的技术优势主要有 4 个方面：

(1) UE 无需支持全部带宽，只需要满足最低带宽要求即可，有利于低成本终端的开发，促进产业发展。

(2) 当 UE 业务量不大时，UE 可以切换到低带宽运行，可以非常明显地降低功耗。

(3) 5G 技术前向兼容，当 5G 添加新的技术时，可以直接将新技术在新的 BWP 上运行，保证了系统的前向兼容。

(4) 适应业务需要，为业务动态配置 BWP。

1. BWP 的分类

按照工作阶段不同，BWP 主要分为以下 4 类。

1) Initial BWP

Initial BWP 是 UE 初始接入阶段使用的 BWP，用于 UE 接入前的信息接收，主要是用于接收 SIB 和 RA 相关信息，一般在 Idle 态时使用。该参数在 SIB1 中配置，如果 SIB1 中没有 Initial BWP 配置，就以 CORESET0 的带宽作为 Initial BWP 带宽。

2) Dedicated BWP

Dedicated BWP 主要用于数据业务传输，可以配置多个，在 RRC 连接状态，由 RRC 信令配置。

3) Active BWP

UE 在 RRC 连接状态某一时刻激活的 BWP，是 Dedicated BWP 中的一个。UE 只在 Active BWP 中接收 PDCCH、PDSCH 和 CSI-RS，发送 SRS、PUCCH 和 PUSCH。

4) Default BWP

在 RRC 连接状态中，当 UE 的 BWP 激活定时器超时后，UE 所工作的 BWP 是 Dedicated BWP 中的一个，通过 RRC 信令指示 Dedicated BWP 中的一个为 Default BWP。

2. 终端上 BWP 工作过程

从终端设备配置的角度，对于不同的终端设备功能，BWP 可以是 1 个小区或 1 个小区下的 BWP。一个终端设备可以被配置 1 个或多个 BWP，最多可配置 4 个 BWP，但 3GPP Rel-15 规定同一时刻上、下行只能分别激活 1 个 BWP。当终端设备被配置多个 BWP 时，每个 BWP 可以采用相同或不同的空口参数集(numerology)，包括子载波间隔、符号长度、循环前缀长度等参数。一个终端设备的 DL 和 UL BWP 可以分别由网络进行配置，终端设备可以被激活一个或多个 BWP。

此外，终端设备可以根据 L1/L2 信令的指示进行 BWP 的调整，具体调整可以包括以下三种情况：BWP 中心频点不变，BWP 带宽变化；BWP 中心频点变化，BWP 带宽不变；BWP 中心频点变化，BWP 带宽变化。

如果终端设备不能支持蜂窝小区的所有空口参数集，可以在为终端设备配置 BWP 时，避免将对应的频带配置给终端设备。

3. 网络侧 BWP 配置

网络通过 RRC 信令为终端设备配置每个小区可用的 BWP 集合，再通过 L1/L2 信令动态激活或去激活需要启动的 BWP。在一个蜂窝小区中，网络侧可以同时激活一个或多个 BWP。

LCP(Logical Channel Priority，逻辑信道优先级)过程，是终端设备根据上行优先级进行针对上行数据的组装方法，目前在 5G NR 中根据业务需求，有可能要求某个逻辑信道只能映射在一种类型的载波上。针对 BWP 的概念，不同的 BWP 可能有不同的空口参数集，由于 LCP 的限制就可能将数据映射不同的逻辑信道到指定的 BWP 上发送。

2.2 NR 帧结构

2.2.1 基于子载波间隔的参数集

与 LTE 空口参数集(子载波间隔和符号长度)相比，NR 支持多种不同类型的子载波间隔(LTE 中只有一种类型的子载波间隔，15 kHz)。时隙长度根据参数集而有所不同，随着子载波间隔的增大，时隙长度变短。

在 3GPP R15 版本中，5G 扩展 CP 只有 60 kHz 子载波配置，而常规 CP 可以有 15 kHz、30 kHz、60 kHz、120 kHz 和 240 kHz 等 5 种配置。依据子载波带宽不同，5G NR 时隙长度有 1 ms、0.5 ms、0.25 ms、0.125 ms 和 0.0625 ms 等五种，这一点不同于 TD-LTE 时隙长度固定为 0.5 ms。

5G NR 子载波间隔讨论和形成过程

时隙长度的取值对应于子载波带宽配置 μ，但是每个时隙中的符号数是固定的，常规 CP 配置时每个时隙有 14 个符号，扩展 CP 配置时每个时隙有 12 个符号，具体时隙配置如图 2-25 和图 2-26 所示。

0.25 ms (250 μs) / slot

60 kHz

< 38.211 - v2.0.0 Table 4.3.2-w >

μ	N_{symb}^{slot}	$N_{slot}^{frame,\,\mu}$	$N_{slot}^{subframe,\,\mu}$
2	12	40	4

图 2-25 扩展 CP 对应空口参数集

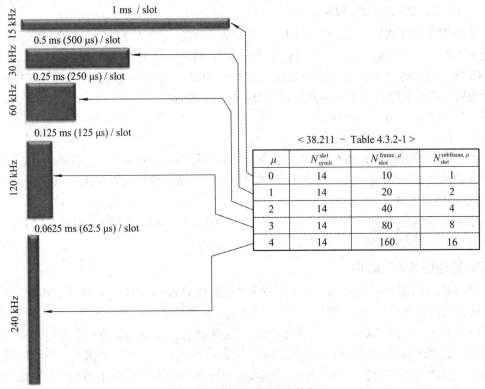

图 2-26 常规 CP 对应参数集

3GPP R16 版本，子载波间隔为 240 kHz 时只能用于同步信道(PSS、SSS 和 PBCH)，不能用于数据信道(PDSCH、PUSCH 等)；子载波间隔为 60 kHz 时只能用于数据信道(PDSCH、PUSCH 等)，不能用于同步信道(PSS、SSS 和 PBCH)；其他的 numerologies(参数集)既能够用于数据信道，也能够用于同步信道，具体见表 2-4。

表 2-4 参数集与信道用途

μ	$\Delta f = 2^{\mu} \cdot 15$	循环前缀	适用信道
0	15	Normal	同步信道、数据信道
1	30	Normal	同步信道、数据信道
2	60	Normal，Extended	数据信道
3	120	Normal	同步信道、数据信道
4	240	Normal	同步信道

2.2.2 NR 物理资源网格

1. 帧、子帧和时隙

1 个 5G 帧长度为 10 ms，包含两个长度为 5 ms 的半帧，分别为半帧 0 和半帧 1，每个半帧由 5 个长度为 1 ms 的子帧组成，半帧 0 由子帧号 0～4 组成，半帧 1 由子帧 5～9 组成。每个子帧由若干个时隙构成，具体每个子帧中包含时隙数由子载波带宽配置 μ 确定，具体如图 2-27 所示。

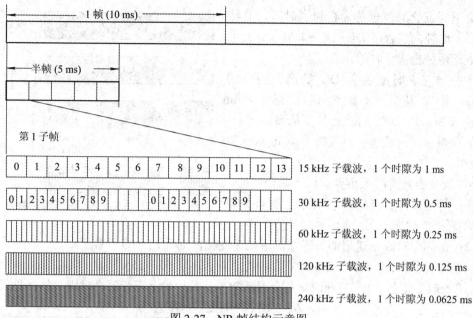

图 2-27 NR 帧结构示意图

除了正常的包含有 14/12 个符合的时隙外,5G NR 还定义了一种时隙构架,叫 Mini-slot。Mini-slot 最少包含有 2 个符号,按照需要可以包含有多个符号(协议中未明确),主要用于超高可靠低时延(URLLC)应用场景,对于低时延的 HARQ 可配置于 Mini-slot 上,Mini-slot 也可用于快速灵活的服务调度,如图 2-28 所示。

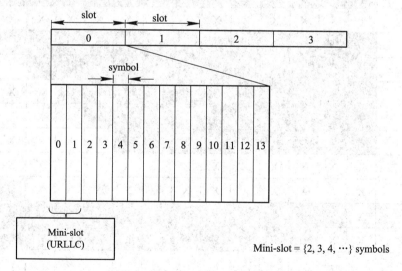

图 2-28 NR Mini-slot 结构示意图

2. 符号

NR 中没有专门针对帧结构按照 FDD 或者 TDD 进行划分,而是按照更小的颗粒度 OFDM 符号级别进行上下行传输的划分。一个时隙内的 OFDM 符号类型可以被定义为下行符号(D)、灵活符号(X,可用于上行、下行或是 GP(Guard Period,保护间隔))或者上行符号(U)。对应的时隙可以分为全上行、全下行和上下行混合时隙,如图 2-29 所示。

上下行混合时隙也称为自包含时隙，其特点是同一时隙内包含了 DL、UL 和 GP，分为上行和下行两种自包含时隙。

下行自包含时隙包含 DL 数据、相应的 HARQ 反馈及探测参考信号 (Sounding Reference Signal，SRS)等上行控制信息。

上行自包含时隙包含对 UL 的调度信息和 UL 数据。

NR 设计自包含时隙主要有以下两个目的：

(1) 更快的下行 HARQ 反馈和上行数据调度，降低 RTT 时延。

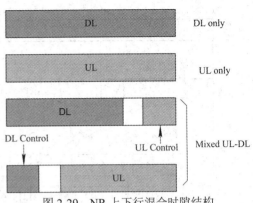

图 2-29　NR 上下行混合时隙结构

(2) 更小的 SRS 发送周期，跟踪信道快速变化，提升 MIMO 性能。

目前定义了 62 个 Slot Format(时隙格式)，0～61 和 62～255 预留，其中 format 0 是全下行，format 1 是全上行，format 2 是全灵活符号，其他为上下行混合时隙。具体见表 2-5。

表 2-5　NR 时隙上下行配置

format	Symbol number in a slot													
	0	1	2	3	4	5	6	7	8	9	10	11	12	13
0	D	D	D	D	D	D	D	D	D	D	D	D	D	D
1	U	U	U	U	U	U	U	U	U	U	U	U	U	U
2	X	X	X	X	X	X	X	X	X	X	X	X	X	X
3	D	D	D	D	D	D	D	D	D	D	D	D	D	X
4	D	D	D	D	D	D	D	D	D	D	D	D	X	X
5	D	D	D	D	D	D	D	D	D	D	D	X	X	X
6	D	D	D	D	D	D	D	D	D	D	X	X	X	X
7	D	D	D	D	D	D	D	D	D	X	X	X	X	X
8	X	X	X	X	X	X	X	X	X	X	X	X	X	U
9	X	X	X	X	X	X	X	X	X	X	X	X	U	U
10	X	U	U	U	U	U	U	U	U	U	U	U	U	U
11	X	X	U	U	U	U	U	U	U	U	U	U	U	U
...	...													
58	D	D	X	X	U	U	D	D	X	X	U	U	U	U
59	D	X	X	U	U	U	U	D	X	X	U	U	U	U
60	D	X	X	X	X	X	U	D	X	X	X	X	X	U
61	D	X	X	X	X	X	U	D	D	X	X	X	X	U
62～255	Reserved													

3. RE 和 RB

NR 的 RE(Resource Element，资源单元)和 LTE 一样，是子载波上的一个符号。但是 NR 的 RB 和 LTE 的 RB 不一样，NR 的 RB 不再是"时频域"资源，而仅指"频域"资源，时域上仅含一个符号。NR 的 1 个 RB 包含 12 个子载波，随着子载波带宽配置 μ 不同，1 个 RB 对应的实际带宽也不同。对应 $\mu = 0$ 的参数集配置，资源栅格如图 2-30 所示。

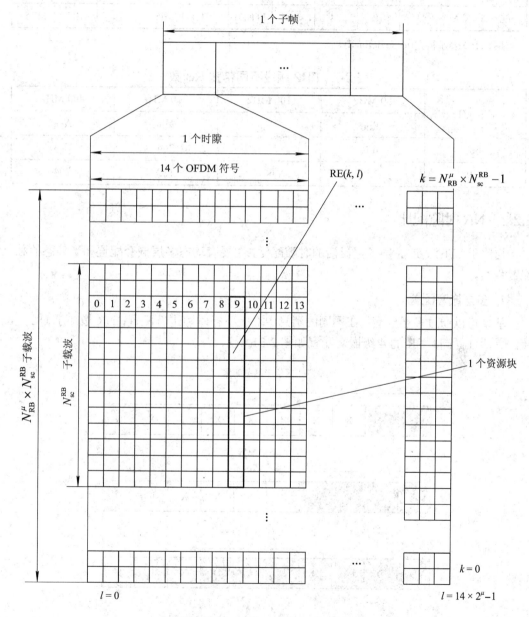

图 2-30　NR 的 RE 和 RB 资源格

不同子载波带宽配置下，系统支持的最大 RB 数随系统频段和带宽不同而有所区别，具体 FR1 频段和 FR2 频段的配置分别见表 2-6 和表 2-7。

表2-6　FR1频段不同带宽 RB 数

SCS /kHz	5 MHz N_{RB}	10 MHz N_{RB}	15 MHz N_{RB}	20 MHz N_{RB}	25 MHz N_{RB}	30 MHz N_{RB}	40 MHz N_{RB}	50 MHz N_{RB}	60 MHz N_{RB}	80 MHz N_{RB}	100 MHz N_{RB}
15	25	52	79	106	133	[TBD]	216	270	N/A	N/A	N/A
30	11	24	38	51	65	[TBD]	106	133	162	217	273
60	N/A	11	18	24	31	[TBD]	51	65	79	107	135

注：TBD 表示待定(to be defined)。

表2-7　FR2频段不同带宽 RB 数

SCS /kHz	50 MHz N_{RB}	100 MHz N_{RB}	200 MHz N_{RB}	400 MHz N_{RB}
60	66	132	264	N/A
120	32	66	132	264

2.2.3　NR 时隙配比

相比于 LTE，NR 提供了更灵活的时隙配比，主要有动态多层嵌套配置和半静态的独立配置两类。

1. 多层嵌套配置

基站可以通过多层嵌套，在不同的消息中对上下行时隙进行配置；NR 增加了 UE 级配置，灵活性更高。NR 的 4 级嵌套配置如图 2-31 所示。

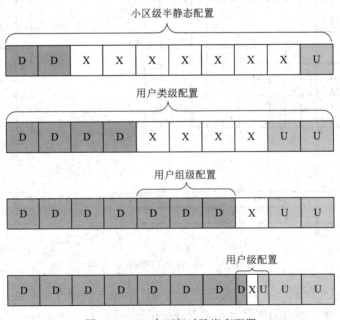

图 2-31　NR 上下行时隙嵌套配置

图 2-31 中，时隙嵌套配置分别通过如下方式实现：

第一级配置：通过系统消息进行小区级半静态配置。

第二级配置：通过 RRC 消息进行特定用户类级配置。

第三级配置：通过下行控制信息(Downlink Control Information，DCI)中的时隙格式指示(Slot Format Indicator，SFI)进行用户组级配置(符号级配比)。

第四级配置：通过 DCI 进行用户级配置(符号及配比)。

2. 独立配置

不同于多层嵌套式配置，独立配置采用命令方式进行小区级半静态配置，并通过系统消息块(System Information Block，SIB)通知 UE，如图 2-32 所示。

图 2-32 NR 上下行时隙独立配置

小区级半静态配置支持有限的配比周期选项，其配置有单周期和双周期两种。配置参数格式如下：

UL-DL-configuration-common：{X, x1, x2, y1, y2}

UL-DL-configuration-common-Set2：{Y, x3, x4, y3, y4}

其中：

X，Y：配比周期，取值为{0.5, 0.625, 1, 1.25, 2, 2.5, 5, 10}，其中 0.625 ms 仅适用于 120 kHz SCS，1.25 ms 适用于 60 kHz 以上 SCS，2.5 ms 适用于 30 kHz 以上 SCS。

x1，x3：全下行 slot 数目，取值为{0, 1, …, 配比周期内 slot 数}。

y1，y3：全上行 slot 数目，取值为{0, 1, …, 配比周期内 slot 数}。

x2，x4：上下行混合 slot 中下行符号数，取值为{0, 1, …, 13}。

y2，y4：上下行混合 slot 中上行符号数，取值为{0, 1, …, 13}。

参数含义如图 2-33 和 2-34 所示。

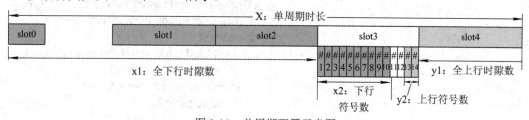

图 2-33 单周期配置示意图

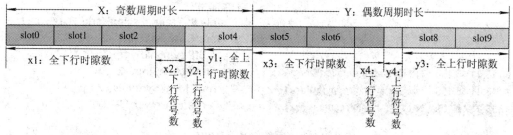

图 2-34 双周期配置示意图

2.2.4 eMBB 场景下 NR 时隙配置

1. 中国移动

中国移动在 n41(2515~2675 MHz)采用 4D1U(4D 中含一个上下行转换子帧)的 5 ms 单周期时隙配比,子载波间隔为 15 kHz,1 个时隙为 1 ms;上下行转换子帧的时隙配置为 10D2G2U,这样可以和 TDD LTE 的上下行配置对齐,如图 2-35 所示。

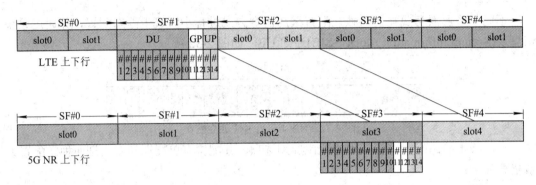

图 2-35　LTE 与 NR 时隙同步

这样 5G NR 在帧头向后偏移 3 ms 以后就可以和 LTE 实现上下行完全对齐,避开上下行之间的干扰。

2. 中国电信和中国联通

中国电信和联通在 n78(3400~3600 MHz)频段的时隙配比为 2.5 ms 双周期,子载波间隔为 30 kHz,一个时隙为 0.5 ms;奇数周期普通时隙 1U3D(14U42D)、特殊时隙 4G10D,偶数周期普通时隙 2U2D(28U28D)、特殊时隙 4G10D。对应系统广播消息如图 2-36,其上下行时隙配置如图 2-37 所示。

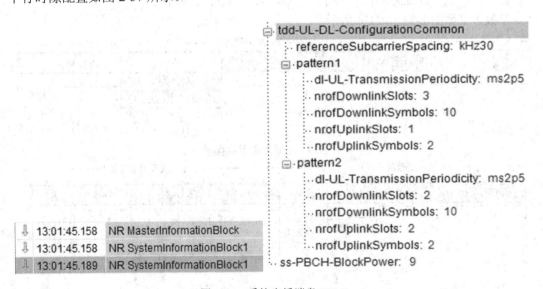

图 2-36　系统广播消息(SIB1)

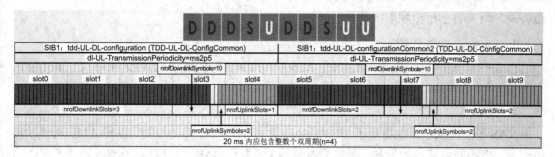

图 2-37　2.5 ms 双周期时隙配比配置

2.3　NR 空口信道

5G 空中接口用于终端 UE 与基站 gNodeB 之间通信，这个接口和 LTE 命名一样，称为 Uu 接口，本节主要介绍 5G 空口协议栈组成、物理层信道、信号和同步信号块 SSB 信号。

2.3.1　NR 空口协议栈

5G NR 无线协议栈分为两个平面：用户面和控制面。用户面(User Plane，UP)协议栈即用户数据传输采用的协议簇，控制面(Control Plane，CP)协议栈即系统的控制信令传输采用的协议簇，如图 2-38 所示。

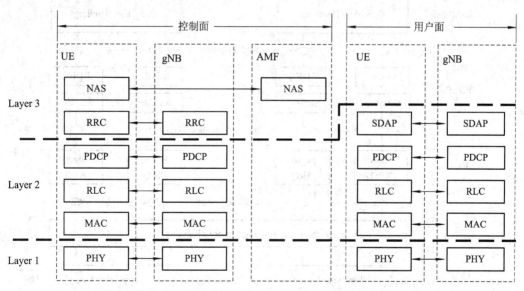

图 2-38　NR 空口协议栈

UE 所有的协议栈都位于 UE 内。

在网络侧，NAS 层不位于基站 gNB 上，而是在核心网的 AMF (Access and Mobility Management Function，接入和移动管理功能)实体上。

用户面除了引入 SDAP(Service Data Adaptation Protocol，业务数据适配协议)外，其

Layer 1 与 Layer 2 与控制面的协议是相同的。

1. Layer 3 功能介绍

Layer 3 是网络层，包含 NAS(Non Access Stratum)和 RRC(Radio Resource Control)层两个子层。

1) NAS

NAS 即非接入层，主要用于 UE 与 AMF 之间的连接和移动控制。虽然 AMF 从基站接收消息，但不是由基站始发的，基站只是透传 UE 发给 AMF 的消息并不能识别或者更改这部分消息，所以被称为 NAS 消息。NAS 消息是 UE 和 AMF 的交互，比如附着、承载建立、服务请求等移动性和连接流程消息。

2) RRC 层

RRC 层主要用来处理 UE 与 NR 之间的所有信令(用户和基站之间的消息)，包括系统消息、准入控制、安全管理、小区重选、测量上报、切换和移动性、NAS 消息传输、无线资源管理等。

2. Layer 2 功能介绍

Layer 2 是数据链路层，包括 SDAP、PDCP(Packet Data Convergence Protocol)、RLC(Radio Link Control)和 MAC(Media Access Control)层等子层，如图 2-39 所示。

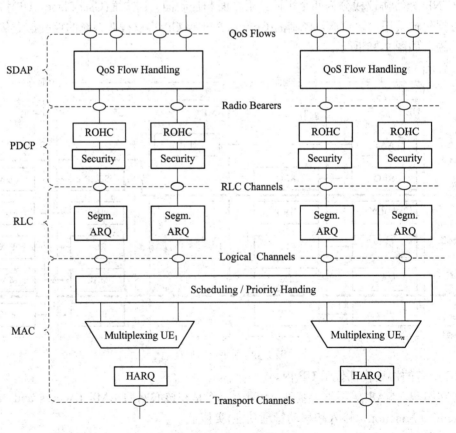

图 2-39　Layer2 结构

1) SDAP 层

SDAP 层位于 PDCP 层以上，直接承载 IP 数据包，只用于用户面。负责 QoS 流与 DRB(数据无线承载)之间的映射，为数据包添加 QFI(QoS Flow ID，QoS 流标记)，如图 2-40 所示。

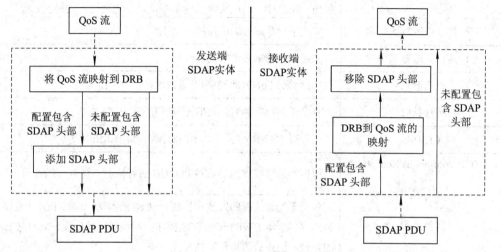

图 2-40 SDAP 层处理流程

2) PDCP 层

PDCP 层主要功能有：

(1) 用户面 IP 头压缩(压缩算法由手机和基站共同决定)。

(2) 加密/解密(控制面/用户面)。

(3) 控制面完整性校验(4G 只有控制面，5G 用户面可以选择性校验)。

(4) 排序和复制检测。

(5) 针对 NSA 组网下的 Option 3x 架构、gNodeB 的 PDCP 进行分流，具有路由功能。

3) RLC 层

RLC 层位于 PDCP 层以下，实体分为 TM 实体、UM 实体和 AM 实体。AM 数据收发共用一个实体，UM 和 TM 收发实体分开。3 种模式的主要区别见表 2-8。

表 2-8 RLC 层传输模式

传输模式	针对业务	ACK/NACK	分段与重组	检错/纠错	重复检测
TM(透明模式)	广播消息	无	无	无	无
UM(非确认模式)	语音业务，时延要求高业务	无	有	无	无
AM(确认模式)	普通业务，时延不敏感业务	有	有	有	有

4) MAC 层

MAC 层的主要功能是调度，包括资源调度、逻辑信道和传输信道之间的映射、复用/解复用、HARQ(上下行异步)和串联/分段(原 RLC 层功能)，对不同信道的处理见表 2-9。

表 2-9　MAC 层的作用

5G MAC 主要流程	MAC 层的作用
随机接入	获得 UE 的初始上行链路授权,并帮助执行与 gNB (网络)的同步。其中包括随机接入过程初始化、随机接入资源选择、随机接入前导传输、随机接入响应接收、竞争解决以及随机接入过程的完成
下行共享信道数据传输	完成下行数据传输所需的一切工作
上行共享信道数据传输	完成上行数据传输所需的一切
调度请求	UE 用来向 gNB(即网络)发送请求以获得 UL 调度
PCH 接收	有助于在特定的时间段监测寻呼信息
BCH 接收	携带有 5G NR 小区的基本信息(例如 MIB、SFN 等)
DRX(Discontinuous Reception) 不连续接收	根据不连续接收的参数对 PDCCH 进行监测,达到节能目的
其他进程	包括无动态调度的发送和接收、SCell 的激活/失活、PDCP 复制激活/去激活、BWP (部分带宽)操作、测量间隔的处理、MAC CEs 的处理、波束故障检测和恢复操作等

具体处理内容如下:

映射:逻辑信道与传输信道之间的映射。

复用、解复用:将来自一个或多个逻辑信道的 MAC SDU 复用到一个传输块并传递给 PHY,将从物理层传来的传输块解复用成多个 MAC SDU 并传递给一个或多个逻辑信道。

HARQ(Hybrid Automatic Repeat reQuest,混合自动重传请求):通过 HARQ 进行错误纠正。在载波聚合中,每个载波对应一个 HARQ 实体。

无线资源分配:提供基于 QoS 的业务数据和用户信令调度,基于动态优先级进行逻辑信道和用户间的调度。

级联和分段:NR 中将 SDU(Service Data Unit,业务数据单元)级联/分段功能放在 MAC 层来实现,以适配物理层资源大小。

5) PHY

PHY(Physical Layer,物理层)提供一系列灵活的信道,主要功能包括信道编码、加扰、调制、层映射和预编码等,如 2-41 所示。

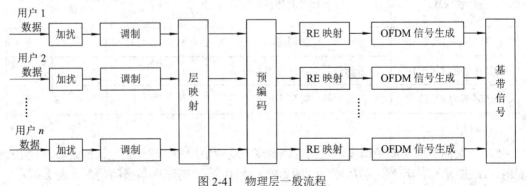

图 2-41　物理层一般流程

图 2-41 中各流程说明如下：

加扰：信息比特随机化，用于识别和区分不同小区或用户，降低小区间或用户间干扰。

调制：对加扰后的码字进行调制，生成复数值的调制符号。

层映射：将复数调制符号映射到一个或多个发射层中。

预编码：将每个发射层中的调制符号进行预编码并映射到相应的天线端口。

RE 映射：将每个天线端口的复数调制符号映射到相应的 RE 上。

波形生成：每个物理天线端口生成 OFDM 基带信号，用于射频调制后发射。

2.3.2 NR 物理信道与信号

物理信道和物理信号都是一系列资源粒子(RE)的集合，其区别在于物理信道用于承载源于高层的信息；而物理信号不承载源于高层的信息，并且一般来说物理信号占用的时域和频域资源相对固定，发送的内容和使用的功率也相对固定。按信息传递方向又可以分为下行和上行，下行是基站发送，终端接收；上行是终端发送，基站接收。

1. 下行物理信道

下行物理信道主要有 PBCH、PDCCH 和 PDSCH 等 3 个，见表 2-10。

表 2-10 下行物理信道

信道/信号名称	功能简介	调制方式
PBCH/物理广播信道	用于承载系统广播消息	QPSK
PDCCH/物理下行控制信道	用于上下行调度、功控等控制信令的传输	QPSK
PDSCH/物理下行共享信道	用于承载下行用户数据	$\pi/2$-BPSK、QPSK、16QAM、64QAM、256QAM

1) PBCH

物理广播信道用于承载系统消息的主信息块(Master Information Block，MIB)，其中包含用户接入的必要信息，如系统帧号、子载波带宽及 SIB1(System Information Block 1)的位置。

2) PDCCH

物理下行控制信道用于传输来自 L1/L2 的下行控制信息，主要包括以下 3 类信息：

(1) 下行调度(DL Assignments)信息，便于 UE 接收 PDSCH。

(2) 上行调度(UL Grants)信息，便于 UE 发送 PUSCH。

(3) 时隙格式指示 SFI、抢占指示(Preemption Indicator，PI)和功控命令等信息。

PDCCH 传送的信息为 DCI，不同内容的 DCI 采用不同的 RNTI(Radio Network Temporary Identifier，无线网络临时标识)来进行 CRC 加扰，UE 通过盲检来解调 PDCCH，获取和自己相关的 DCI。

CCE(Control Channel Element，控制信道元素)是 PDCCH 传输的最小资源单位，控制信道就是由 CCE 聚合而成的。聚合等级表示一个 PDCCH 占用的连续 CCE 个数。R15 版本支持 CCE 聚合等级{1, 2, 4, 8, 16}，信道聚合等级由无线信道质量来决定，信道质量越差，使用的聚合等级越高。

NR 中 PDCCH 时域和频域位置都比较灵活，为此引入了 CORESET(Control-Resource Set, 控制资源集)来描述 PDCCH 占用符号数、RB 数、时隙周期及偏置。每个小区可以配置多个 CORESET(0~11)，其中 CORESET0 固定用于 RMSI(Remaining Minimum SI, 最小系统消息)调度，也就是说 SIB1 的调度信息由 CORESET0 承载。

CORESET 必须包含在对应的 BWP 中，一个 CORESET 可以包含多个 CCE。

3) PDSCH

PDSCH 用于承载多种传输信道，如 PCH 和 DL-SCH，用于传输寻呼消息、系统消息、UE 空口控制面信令及用户面数据等内容。

2. 下行物理信号

下行物理信号主要有 PSS、SSS、DMRS、PT-RS 和 CSI-RS 等 5 个，见表 2-11。

表 2-11 下行物理信号

信号/信号名称	功能简介
PSS/主同步信号	用于帧同步，传送 $N_{\mathrm{ID}}^{(2)}$ (组内 ID)
SSS/辅同步信号	用于辅助完成子帧同步、初始波束选择、传送 $N_{\mathrm{ID}}^{(1)}$ (组 ID)
DMRS/解调参考信号	用于下行数据解调、时频同步等
PT-RS/相位跟踪参考信号	用于下行相位噪声跟踪和补偿
CSI-RS/信道状态指示参考信号	用于下行信道测量、波束管理、RRM/RLM 测量和精细化时频跟踪等

1) NR PSS

主同步信号采用频域 BPSK m 序列，其映射为连续的 127 个 SC，用于下行帧同步。其生成多项式中含有 $N_{\mathrm{ID}}^{(2)}$ (物理小区号的组内 ID 部分，$N_{\mathrm{ID}}^{(2)} \in \{0, 1, 2\}$)，具体序列生成公式如下：

$$d_{\mathrm{PSS}}(n) = 1 - 2x(m)$$
$$m = (n + 43N_{\mathrm{ID}}^{(2)}) \bmod 127 \tag{2-3}$$
$$0 \leqslant n < 127$$

其中

$$x(i + 7) = (x(i + 4) + x(i)) \bmod 2 \tag{2-4}$$
$$[x(6) \quad x(5) \quad x(4) \quad x(3) \quad x(2) \quad x(1) \quad x(0)] = [1 \quad 1 \quad 1 \quad 0 \quad 1 \quad 1 \quad 0]$$

2) NR SSS

辅同步信号同样采用频域 BPSK m 序列，其映射为连续的 127 个 SC，用于辅助 UE 定位子帧边界，其生成多项式中包含了 $N_{\mathrm{ID}}^{(1)}$ (物理小区号的组 ID 部分，$N_{\mathrm{ID}}^{(1)} \in \{0, 1, \cdots, 335\}$)和 $N_{\mathrm{ID}}^{(2)}$ 信息，相比于 PSS 的生成多项式，SSS 的生成多项式更加复杂，有两项组成，具体如下：

$$d_{SSS}(n) = [1 - 2x_0((n + m_0) \bmod 127)][1 - 2x_1((n + m_1) \bmod 127)]$$

$$m_0 = 15 \left\lfloor \frac{N_{ID}^{(1)}}{112} \right\rfloor + 5N_{ID}^{(2)} \tag{2-5}$$

$$m_1 = N_{ID}^{(1)} \bmod 112$$

$$0 \leqslant n < 127$$

其中

$$x_0(i + 7) = (x_0(i + 4) + x_0(i)) \bmod 2$$
$$x_1(i + 7) = (x_1(i + 1) + x_1(i)) \bmod 2 \tag{2-6}$$

$$[x_0(6) \quad x_0(5) \quad x_0(4) \quad x_0(3) \quad x_0(2) \quad x_0(1) \quad x_0(0)] = [0 \quad 0 \quad 0 \quad 0 \quad 0 \quad 0 \quad 1]$$
$$[x_1(6) \quad x_1(5) \quad x_1(4) \quad x_1(3) \quad x_1(2) \quad x_1(1) \quad x_1(0)] = [0 \quad 0 \quad 0 \quad 0 \quad 0 \quad 0 \quad 1] \tag{2-7}$$

在获得 $N_{ID}^{(1)}$ 和 $N_{ID}^{(2)}$ 后，便可以根据下式计算物理小区标识(Physical Cell Identifier, PCI)：

$$N_{ID}^{cell} = 3N_{ID}^{(1)} + N_{ID}^{(2)} \tag{2-8}$$

物理小区标识取值为 0～1007，共 1008 个；相对于 LTE 的 504 个物理小区标识，其容量扩展了 1 倍。

3) DMRS

下行解调参考信号的主要功能有：

(1) 解调参考信号用于信道估计，帮助 UE 对控制信道和数据信道进行相干解调。针对下行方向，有 3 种不同的解调参考信号，分别用于 PBCH、PDCCH 和 PDSCH 的相干解调。

(2) 计算信道测量值，如 TA、SINR 等，给 UE 提供信道质量相关情况。

4) PT-RS

相位跟踪参考信号是 5G 新引入的参考信号，用于跟踪相位噪声的变化，主要用于高频段。

5) CSI-RS

信道状态指示参考信号用于信道质量测量和时频偏移追踪，通过 UE 反馈的 CSI-RS 测量结果，基站可以调度 RB 资源分配、进行波束赋形或是进行多用户 MU-MIMO 等无线资源管理策略的实施。

3. 上行物理信道

上行物理信道主要有 PRACH、PUCCH 和 PUSCH 等 3 个，见表 2-12。

表 2-12　下行物理信道

信道/信号名称	功能简介	调制方式
PRACH/物理随机接入信道	用于发送随机接入前导码	不调制
PUCCH/物理上行控制信道	用于发送上行控制信息	QPSK，π/2-BPSK，格式 0 和格式 1 不调制
PUSCH/物理上行共享信道	用于发送上行空口信令和用户数据	π/2-BPSK、QPSK、16QAM、64QAM、256QAM

1) PRACH

物理随机接入信道主要用于 UE 发送随机接入前导码，从而与基站完成上行同步并请求基站分配资源。随机接入可由初始接入、切换和重建等原因触发，具体见附录 2。和 LTE 一样，5G NR 中的随机接入也分为基于竞争的随机接入和基于非竞争的随机接入两类。

前导码结构一般由三部分组成：

$$\text{循环前缀} \quad + \quad \text{前导序列} \quad + \quad \text{保护间隔}$$

$$\text{(Cyclic Prefix，CP)} \quad \text{(Preamble Sequence，重复)} \quad \text{(Guard Period，GP)}$$

其中核心部分 Preamble Sequence 可能重复多次，取决于不同的 format，如图 2-42 所示。

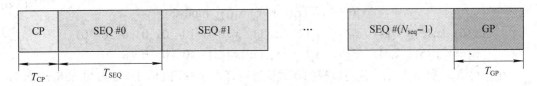

图 2-42　前导码格式

NR 中的随机接入前导(Preamble)码可以分为长序列(Long Preamble，序列长度为 839)和短序列(Short Preamble，序列长度为 139)两类。其中长序列分为 format 0/1/2/3 共 4 种，短序列分为 format A1/A2/A3/B1/B2/B3/B4/C0/C2 共 9 种，如图 2-43 所示。

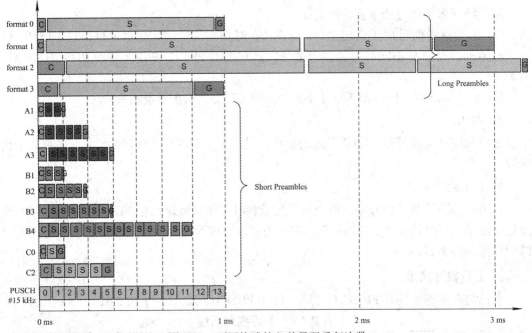

图 2-43　不同格式接入前导码重复次数

5G NR 长序列支持子载波间隔为 {1.25，5} kHz，仅用于低频 FR1；短序列支持子载波间隔为 {15, 30, 60, 120} kHz，低频 FR1 时支持 {15, 30} kHz，高频 FR2 时支持 {60, 120} kHz。

2) PUCCH

NR 中的 PUCCH 用来发送 UCI(Uplink Control Information，上行控制信息)，以支持上下行数据传输，UCI 可在 PUCCH 和 PDSCH 中传输。主要包括以下 3 类消息：

(1) 调度请求(Scheduling Request，SR)，用于上行 UL-SCH 资源请求。

(2) HARQ ACK/NACK，用于 PDSCH 信道中发送数据的 HARQ 反馈。

(3) 信道状态信息(Channel State Information，CSI)，信道状态信息反馈，包括 CQI(Channel Quality Information，信道质量信息)、PMI(Precoding Matrix Indication，预编码矩阵指示)、RI(Rank Indication，秩指示)和 LI(Layer Indication，层指示)。

NR 支持 5 种格式的 PUCCH，即 PUCCH format 0/1/2/3/4，根据占用时域符号长度，可以分为两类：长 PUCCH 和短 PUCCH。不同 PUCCH format 的具体区别见表 2-13。

表 2-13 PUCCH format 与传送数据大小

PUCCH format	0	1	2	3	4
占用符号	1～2	4～14	1～2	4～14	4～14
占用 RB	1	1	1～16	1～16	1
传送数据(bit)	≤2	>2	≤2	>2	>2
传送信息	SR/HARQ 反馈	SR/HARQ 反馈	CSI/SR/HARQ 反馈	CSI/SR/HARQ 反馈	CSI/SR/HARQ 反馈
支持复用	是	是	否	否	是
配置 DMRS	否	是	是	是	是

注：复用是指多个 UE 通过循环移位或正交序列的方式来共享一个 RB Pair 发送各自的 PUCCH。

3) PUSCH

物理上行共享信道是承载上层传输信道的重要物理信道，主要用于 UE 空口信令、用户面数据的传输，也可以传递 UCI。

4. 上行物理信号

上行物理信号主要有 DMRS、PT-RS 和 SRS 等 3 个，见表 2-14。

表 2-14 上行物理信号

信道/信号名称	功能简介
DMRS/上行解调参考信号	用于上行信道估计，帮助对上行数据进行相干解调
PT-RS/上行相位跟踪参考信号	用于上行相位噪声跟踪和补偿
SRS/探测参考信号	用于上行信道状态信息的估计，以辅助进行上行调度、上行功控，还可用于辅助下行发送

1) DMRS

上行解调参考信号的主要功能有：

(1) 解调参考信号用于信道估计，帮助基站对控制信道和数据信道进行相干解调，针对上行方向，有 2 种不同的解调参考信号分别用于 PUCCH 和 PUSCH 进行相干解调。

(2) 计算信道测量值，如 TA、SINR 等，给基站提供信道质量相关情况。

2) PT-RS

上行相位跟踪参考信号，使用该信号跟踪上行信号的相位噪声的变化，主要用于高频段(FR2)。

3) SRS

5G NR 中探测参考信号主要有以下功能：

(1) TDD 系统中，利用信道互易性的特性，用 SRS 进行信道估计值，得到下行波束赋型权值进行下行数据(包括 PDCCH、PDSCH)的定向发射，使得基站侧下行信号到达终端侧的信号增强，提升终端用户的性能，降低用户间干扰。

(2) 测量基站和 UE 的信道状态质量用于下行调度，如 SINR，相关性，BF 增益，用于下行多用户配对，下行链路自适应等。

(3) 测量基站和 UE 的信道质量状态用于上行调度，如 TA、RI、PMI，用于上行多用户配对、上行链路自适应等。

2.3.3 SSB 的时、频域位置

同步信号和 PBCH 块(Synchronization Signal and PBCH block，简称 SSB)由 PSS、SSS、PBCH 和 PBCH DMRS 等 4 部分共同组成，用于下行同步信号和广播信号的发送。

1. SSB 内信号构成

SSB 在时域上占 4 个符号，频域上占据连续的 20 个 RB，时域上位置可以配置，其结构如图 2-44 所示。

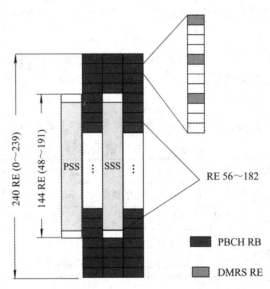

图 2-44 SSB 内信号结构

PSS/SSS 映射到 12 个 PRB 中间的连续 127 个子载波，占用 144 个子载波，两侧分别为 8 个和 9 个子载波作为保护带宽，以零功率发送，PBCH RE = 432。

NR 不再支持 CRS，要解调 PBCH 信道，需要获取 PBCH DMRS 位置。

PBCH DMRS 在时域上，和 PBCH 相同符号位置，在频域上间隔 4 个子载波，初始偏移 v 由 PCI 确定，具体公式如下：

$$v = N_{\text{ID}}^{\text{cell}} \bmod 4$$

$$\tag{2-9}$$

具体 SSB 内时频域资源分配见表 2-15。

表 2-15　SSB 内时频域资源分配

信道和信号	相对于 SSB 起始符号偏移	相对于 SSB 起始子载波偏移
PSS	0	56, 57, …, 182
SSS	2	56, 57, …, 182
零功率信号	0	0, 1, …, 55, 183, 184, …, 236
	2	48, 49, …, 55, 183, 184, …, 191
PBCH	1，3	0, 1, …, 239
	2	0, 1, …, 47, 192, 193, …, 239
DM-RS for PBCH	1，3	$0 + v, 4 + v, 8 + v, …, 236 + v$
	2	$0 + v, 4 + v, 8 + v, …, 44 + v, 192 + v, 196 + v, …, 236 + v$

2. SSB 时域起始位置

对于具有 SSB 的半帧，候选 SSB 的数目和第一个符号索引位置可以根据 SSB 的子载波间隔和工作频段来确定。共有 5 种样式，其中 Case A/Case B/Case C 支持 FR1 频段，Case D/Case E 支持 FR2 频段，各样式对应的时域位置见附录 3。

以 Case A 15 kHz 间隔为例，候选 SSB 的第一个符号的索引为{2, 8} + 14*n，{}有两个数，这两个数表示了 SSB 的起始符号位；对于 F(frequent)≤3 GHz，$n = 0, 1$，这两个数表示配置了 SSB 的时隙号。所以对于 Case A　SCS = 15 kHz 场景，第 0 和第 1 个时隙配置了 SSB，且这两个时隙的第 2 和第 8 符号位为 SSB 的起始符号位，所以在 5 ms 半帧中，共有 4 个 SSB，故最大 SSB 数量 $L_{max} = 4$。此时对应 SSB 时域分布如图 2-45 所示。

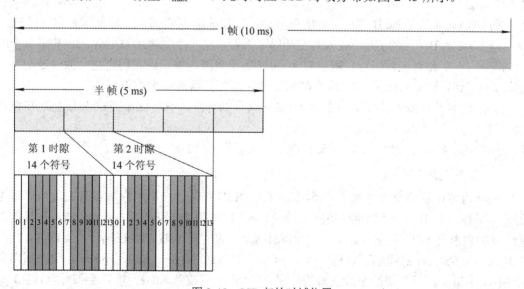

图 2-45　SSB 起始时域位置

30 kHz 子载波间隔 SSB 有两种 Case 配置，主要是考虑到不同子载波之间的共存。各个 Case 的位置对比如图 2-46 所示。

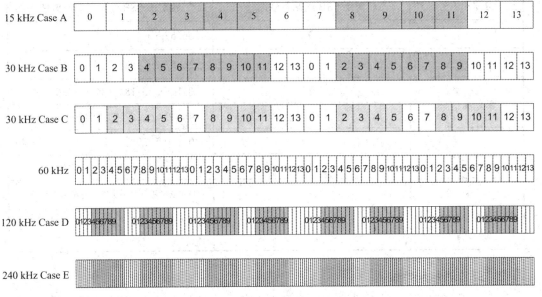

图 2-46　不同样式 SSB 起始符号对比

对于 15 kHz Case A 来说，将 SSB 放在这些位置，是考虑到其时隙开头的 2 个符号 0 和 1 可以用于下行控制的传输，这两个符号对应 30 kHz 子载波情况下的符号 0、1、2 和 3，同样也可以用于 30 kHz 子载波情况下的下行控制传输。

15 kHz Case A 下两个 SSB 之间的预留符号 6 和 7 可用于 GP 和上行控制的传输，对应于 30 kHz 下第一个子帧的符号 12 和 13 以及第二个子帧中的符号 0 和 1，这样也可以保证 30 kHz 第一时隙有用于传输 GP 和上行控制的资源，以及第二个时隙中有用于传输上行控制的资源。

所以 Case A 和 Case B 完全可以实现共存，保证 SSB 所在时隙可以实现自包含结构。

从 Case A/B 和 60 kHz 子载波时隙的对比来看，第一个时隙的符号 8~13 和第二个时隙的符号 0~9 都对应到下行，所以对于 60 kHz 子载波，就没法实现自包含的时隙配置。这样 Case A/B 和 60 kHz 共存，对于 60 kHz 的时隙配置就有很大的限制。

为此增加了 Case C 配置，这样和 60 kHz 共存的时候，也可以保证 60 kHz 实现自包含的时隙结构。

同样的，Case D 和 Case E 的 SSB 配置也可以和 60 kHz 子载波实现共存。

3. SSB 与波束扫描

SSB 时域位置的设计是为了实现波束扫描。SSB 在某一个半帧内最多有 L_{max} 个时域位置，半帧内的 SSB 从 0 开始顺序编号，称为 SSB ID，每个 SSB ID 对应一个波束扫描的方向，半帧内所有 SSB 称为 SSB set，一个 SSB set 中的所有 SSB 都要在同一个半帧内，如图 2-47 所示。SSB set 的周期可以是 5 ms、10 ms、20 ms、40 ms、80 或 160 ms，这个周期会在 SIB1 中指示，但在初始小区搜索的时候，UE 还没有收到 SIB1，所以会按照默认 20 ms 的周期搜索 SSB。

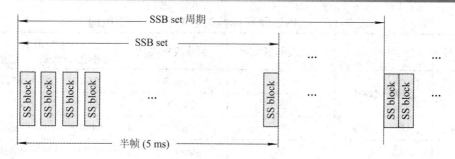

图 2-47 SS block、SSB set 和 SSB Set 周期的关系

对于不同的子载波间隔，一个 SSB set 里的 SSB 数量 L_{max} 也不一样，可能有 4 个、8 个或 64 个，该数量也决定了小区中最大波束数量。波束与 SSB ID 对应关系如图 2-48 所示。

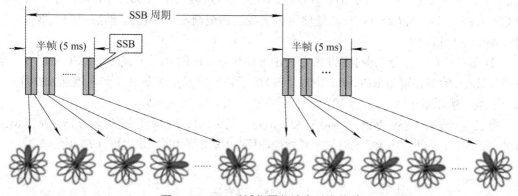

图 2-48 SSB 时域位置与波束对应关系

4. SSB 频域起始位置

与 LTE 中 PSS 和 SSS 固定在带宽的中间 72 个子载波不同，NR 中 SSB 可能的频域位置有很多。为此 NR 中定义了 SSREF (SS block Reference Frequency Position，同步块参考频率位置)，用 GSCN(Global Synchronization Channel Number，全局同步信道号)来表示一个确定的、绝对的频率位置，系统会把 SSB 放在这些 GSCN 上，对齐方式为 SSB 的 10 号 RB 的 0 号子载波与 GSCN 对齐，UE 就会在这些 GSCN 上顺序盲检 SSB，GSCN 具体计算公式见表 2-16。

5G NR 两种频率编号(GSCN 和 ARFCN)

表 2-16 GSCN 计算公式

频率范围/MHz	SSREF SS_{REF}	GSCN	GSCN 范围
0~3000	$N \times 1200\text{ kHz} + M \times 50\text{ kHz}$, $N = 1 : 2499$，$M \in \{1, 3, 5\}$ (注)	$3N + (M-3)/2$	2~7498
3000~24 250	3000 MHz $+ N \times 1.44$ MHz, $N = 0 : 14\ 756$	$7499 + N$	7499~22 255
24 250~100 000	24 250.08 MHz $+ N \times 17.28$ MHz, $N = 0 : 4383$	$22\ 256 + N$	22 256~26 639

注：当配置了子载波信道栅格时 $M = 3$。

具体到目前国内运营商频段的取值见表 2-17。

表 2-17 国内运营商频段对应 GSCN 取值范围

频段号	频段/MHz	子载波间隔/kHz	同步块样式	GSCN 范围 (开始 - <步长> - 结束)
n41	2496~2690	15	Case A	6246 - <3> - 6717
		30	Case C	6252 - <3> - 6714
n79	4400~5000	30	Case C	8480 - <16> - 8880
n78	3300~3800	30	Case C	7711 - <1> - 8051
		30	Case C	7711 - <1> - 8051

n41 频段起始可用 GSCN 计算如下：

(1) $2496\,MHz = N \times 1200\,kHz + M \times 50\,kHz$；可以得到 $N = 2080$，$M = 3$；进一步算出 $GSCN = 3N + (M - 3)/2 = 6020$(此处使用了子载波信道栅格，$M$ 取 3，然后再向上取最靠近 2496 MHz 的 GSCN)。

(2) SSB 对齐，考虑到对齐方式为 SSB 的 10 号 RB 的 0 号子载波与 GSCN 对齐，从 2496 MHz 开始要预留 10RB(1800 kHz，15 kHz 子载波配置)，N 每加 1 频率增加 1200 kHz，此处取整，所以最小 N 取值为 2082，那么最小可用 GSCN 为 6246。

协议定义 n41 是从 2496~2690 MHz，但是目前中国移动实际分配的是 2515~2675 MHz 频段，是 n41 的子集，在计算的时候需要增加偏移；中国电信和中国联通的 n78 频段与之类似。

2.4 NR 系统消息

2.4.1 NR MIB

SSB 中承载的高层消息主要在 PBCH 中，主要包含 MIB 消息和来自物理层的 8 bit 信息。

1. MIB

MIB 以 80 ms 为变更周期，在 80 ms 内可以重复发送，重复次数依赖于 SSB 配置。MIB 共包含 23 bit 信息，具体组成见表 2-18。

表 2-18 MIB 信息列表

参 数	比特数	参 数 描 述
systemFrameNumber	6	系统帧号的高 6 位
subCarrierSpacingCommon	1	用于 SIB1、Msg2/4 和 SI 消息的子载波带宽
ssb-SubcarrierOffset	4	SSB 的子载波偏移 K_{ssb}
dmrs-TypeA-Position	1	物理上下行信道的 DMRS 信号配置
pdcch-configSIB1	8	与 SIB1 相关的 PDCCH 配置
cellBarred	1	禁止接入标识
intraFreqReselection	1	禁止同频小区选择
spare	1	预留

表 2-18 中参数详细描述如下：

(1) systemFrameNumber 是系统帧号，NR 中的系统帧号是 0～1023，共 1024 个，因此需要 10 bit，其中 6 bit 来自 MIB，4 bit 来自物理层添加额外信息。

(2) subCarrierSpacingCommon 告诉终端子载波间隔信息 Subcarrier spacing for SIB1, Msg.2/4 for initial access, paging and broadcast SI-messages。在 FR1 频段使用的子载波间隔为 15 kHz 或 30 kHz，在 FR2 频段使用的子载波间隔为 60 kHz 和 120 kHz。

(3) ssb-SubcarrierOffset 即 TS38.213 中所述的 K_{ssb}。K_{ssb} 表示的是一个频域间隔，是指从 SSB 的子载波 0 到与 SSB 重叠的 Common RB 的子载波 0 相差的频域间隔。K_{ssb} 有两个作用，第一个作用是计算 CORESET0(Control Resource Set Zero，控制资源集 0)或者载波带宽频域起点过程中会用到；第二个作用就是根据 K_{ssb} 的取值可以推测出当前的 SSB 是否配置了相关联的 SIB1 或者说 Type0-PDCCH CSS。

(4) dmrs-TypeA-Position 用于表示第一个 UL/DL 的 DMRS 符号的时域位置。

(5) pdcch-configSIB1 由两部分组成，它们是 CORESET0 和 searchSpaceZero(搜索空间 0)，这两个参数主要用于确定解 SIB1 所需要的 CORESET 和 CSS 时频资源和监测时机。

(6) cellBarred 表示小区是否禁止接入，终端尝试禁止接入小区间隔不小于 300 ms。

(7) intraFreqReselection 表示如果当前小区禁止接入，那么其周边同频小区是否也禁止接入。终端尝试禁止接入同频小区间隔不小于 300 ms。

2. 物理层 8 bit 信息

来自物理层的 8 bit 信息为 $\bar{a}_{\bar{A}}, \bar{a}_{\bar{A}+1}, \bar{a}_{\bar{A}+2}, \bar{a}_{\bar{A}+3}, ..., \bar{a}_{\bar{A}+7}$，其他 $\bar{a}_0, \bar{a}_1, \bar{a}_2, \bar{a}_3, ..., \bar{a}_{\bar{A}-1}$ 为 MIB 的信息。其中：

(1) $\bar{a}_{\bar{A}}, \bar{a}_{\bar{A}+1}, \bar{a}_{\bar{A}+2}, \bar{a}_{\bar{A}+3}$ 为系统帧号的低 4 bit。

(2) $\bar{a}_{\bar{A}+4}$ 为 1 bit，半帧指示，当前半帧为前 5 ms 半帧或是后 5 ms 半帧。

(3) $\bar{a}_{\bar{A}+5}, \bar{a}_{\bar{A}+6}, \bar{a}_{\bar{A}+7}$ 使用的场景较为复杂，主要有以下两种：

① 如果 SSB set 中有 64 个 SSB，则这 3 bit 和 DMRS 序列位置(8 种)一起用于指示 SSB 索引，即该 SSB 是 SSB set 中的第几个 SSB。

② 如果 SSB set 中 SSB 数量为 4 或 8，这 3 bit 其中的 1 bit 用于和 MIB 中指示 K_{ssb} (4 bit) 相结合，共同指示 K_{ssb}，剩余 2 bit 预留。

$L_{max} = 4$ 或 8 的情况下无需指示 SSB 索引，不同的 8 种 DMRS 序列就可以用于指示 SSB 索引。

在 $L_{max} = 64$ 的情况下，K_{ssb} 会在一个 RB 范围内偏移，即 12 个子载波，所以有 4 bit 就够指示了，但在 $L_{max} = 4$ 或 8 的情况下，K_{ssb} 会在两个 RB 范围内偏移，即 24 个子载波，所以此时就需要 5 bit。

2.4.2　NR RMSI

5G NR 中，支持 on-demand SIB 传输，考虑尽可能快速同步与接入，将必要的系统信息分为两部分：MIB 与 RMSI(Remaining Minimum System Information，剩余最小系统信息)，有需求时再读取。对比 LTE 系统消息可知，RMSI 实质是 SIB1，通知 UL freq、TDD cfg 等信息。

NR 中的 SIB 信息通过下行 PDSCH 信道发送,而 PDSCH 信道需要 PDCCH 信道的 DCI 来调度，故 UE 需要在 MIB 中得到调度 RMSI 的 PDCCH 信道信息，在 PDCCH 上进行盲检，获得 RMSI。MIB 中通过 pdcch-configSIB1 字段指示 UE 获取 RMSI 调度的 PDCCH 的信息。获取 RMSI 过程如图 2-49 所示。

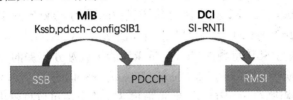

图 2-49 获取 RMSI 过程

在 NR 中引入了 CORESET(Control REsource SET)，即对 PDCCH 信道所在物理资源集合进行划分，一个小区 PDCCH 信道可以有多个 CORESET，而且每个 CORESET 都有 ID 编号。其中 CORESET0 就是对应类型 0 公共搜索空间(Type 0 Common Search space)，该搜索空间仅用于 RMSI 调度。

通过 MIB 中的 pdcch-configSIB1 高 4 位索引查表可以知道 CORESET 0 在频域占用的连续 RB 数、在时域占用的连续符号数、CORESET 0 与 SSB 复用的类型以及偏移量；通过低 4 位索引查表可以知道相应 PDCCH 的监测时机，具体参数可以参见 3GPP TS38.213。

为了简化搜索过程，协议中共定义 3 种 CORESET0 与 SSB 的相对时-频域位置，如图 2-50 所示。

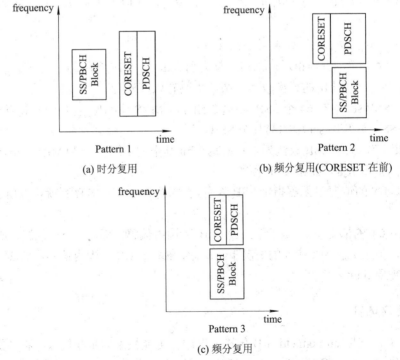

图 2-50 CORESET0 与 SSB 相对时-频域位置

SIB1 中主要发送以下信息：小区选择参数、小区接入相关参数、连接建立失败控制、

SI 调度信息、服务小区公共配置、UE 定时器及常量和接入控制参数等，具体可参见 3GPP TS 38.331 中的 6.6.2 消息定义章节的内容。

【知识归纳】

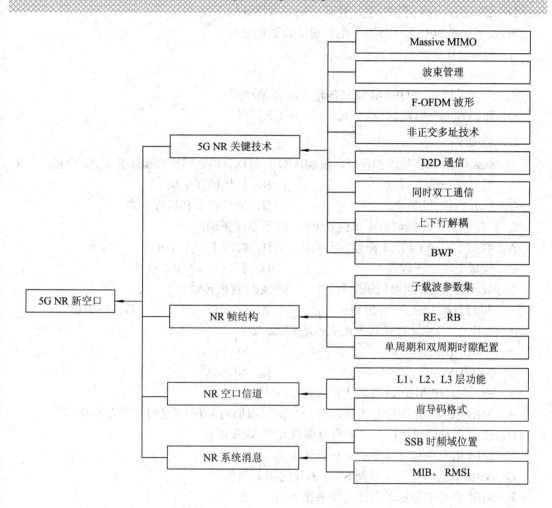

【自我测试】

一、单选题

1. 以下属于 5G 上行物理信道的是(　　)。

A. RACH　　　　B. PBCH　　　　C. PCH　　　　D. PRACH

2. 5G 引入了 Numerology 的概念，根据 3GPP 协议 μ 值最大为(　　)。

A. 1　　　　B. 2　　　　C. 3　　　　D. 4

3. n82 SUL 频段可以和以下(　　)频段配合工作。

A. n41　　　　　B. n78　　　　　C. n79　　　　　D. n80

4. 以下关于 BWP 技术描述错误的是(　　)。

A. 给 UE 指定的所有 BWP 必须有着相同的子载波间隔

B. UE 可以切换到低带宽运行,降低功耗,延长电池使用

C. 适应业务需要,为业务动态配置 BWP

D. UE 无需支持全部带宽,有利于低成本终端的开发

5. 以下关于 NR 上下行符号配置说法错误的是(　　)。

A. format 0 是全下行

B. format 1 是全上行

C. 一个时隙内的 OFDM 符号传输方向必须相同

D. 可以在同一时隙内包含 DL、UL 和 GP 符号

二、多选题

1. Massive MIMO 技术相较于传统 MIMO 有着优良的物理特性和性能优势,包括(　　)。

A. 提升系统的总容量　　　　　　　B. 简化调度策略

C. 提升频率效率　　　　　　　　　D. 降低部署和运行成本

2. 资源栅格中时频域最小单位是 RE,以下说法正确的是(　　)。

A. 时间上 1 个 OFDM 符号　　　　B. 时间上一个 slot

C. 频域上 1 个子载波　　　　　　　D. 频域上 12 个子载波

3. 5G NR 中当子载波间隔配置为(　　)时支持数据传输。

A. 240 kHz　　　　B. 120 kHz　　　　C. 60 kHz　　　　D. 15 kHz

4. 以下(　　)多址方式属于正交多址方式。

A. CP-OFDMA　　　　　　　　　　B. SC-FDMA

C. F-OFDMA　　　　　　　　　　　D. NOMA

5. 关于 5G NR MIB 消息描述正确的是(　　)。

A. MIB 以 80 ms 为变更周期,在一个变更周期内 MIB 消息内容保存不变

B. 在一个发送周期内,可以重复多次发送 MIB 消息

C. MIB 消息中包含完整的系统帧号信息

D. MIB 消息中指示了解调 SIB1 需要的相关信息

E. MIB 消息中指示了当前工作系统带宽

三、填空题

1. 5G 使用 FR1 频段,带宽为 100 MHz 进行网络建设,若 $\mu = 2$,此时子载波间隔为_____kHz。

2. $\mu = 3$ 时,对应子载波间隔是_____kHz,每个子帧有_____个 slot。

3. 5G NR 的 RB 在频域占用连续的_____个子载波。

4. SSB 占用时域上连续的_____个符号,频域上连续的_____个 RB。

5. UE 只在_____中接收 PDCCH、PDSCH 和 CSI-RS。

四、判断题

1. 5G NR 和 LTE 的 RB 资源在时域上是一样的,都是占用 1 个时隙。(　　)

2. 5G 波束管理包括初始波束建立、波束调整和波束失败恢复 3 个流程。(　　)

3. F-OFDM 调制系统与传统的 OFDM 系统最大的不同是加入了子带滤波器。(　　)

4. 全双工通信的关键是克服节点自身发送的强信号对微弱的接收信号的覆盖。(　　)

5. 超级上行相对于上下行解耦，可进行 TTI 级灵活切换，可同时利用 NR 和 FDD 进行上行传输。(　　)

五、简答题

1. 给出中国移动 n41 频段的上下行时隙配置。

2. 简要描述 NR 上下行符号 4 级嵌套配置。

3. 解码 SSB 信息块，得到 $N_{\text{ID}}^{(1)} = 212$，$N_{\text{ID}}^{(1)} = 2$，请给出小区的 PCI 及其计算过程。

4. 中国电信 n78 频段对应的频带是 3400～3500 MHz，给出其可能的 GSCN 值。

5. 简要描述解码 RMSI 的过程。

模块三 华为 gNodeB 产品方案

目标导航

➢ 了解华为 BBU5900 产品逻辑结构和功能模块；
➢ 掌握华为 BBU5900 基带处理单板 UBBP 接口和处理能力；
➢ 掌握华为 BBU5900 主控传输单板 UMPT 接口和处理能力；
➢ 了解 AAU5613 产品技术参数；
➢ 了解常用光模块技术参数及线缆接头配套关系；
➢ 能够根据给定条件进行 BBU5900 单板配置、AAU 产品选择和附属光模块、线缆配套。

教学建议

模 块 内 容	学时分配	总学时	重点	难点
3.1 华为 BBU5900 基带产品	6		√	√
3.2 华为 AAU 产品介绍	4		√	
3.3 光模块与光纤	2	14		√
3.4 无线站点解决方案	2		√	
3.5 5G 宏站典型配置				

内容解读

DBS5900 系列基站是华为为满足 5G 需求而推出的面向未来移动网络发展的产品，采用业界领先的多制式、多形态统一模块设计，实现了多种无线制式设备的融合、站点资源的共享及统一的运维，有效提升站点利用效率，节约建设、运维成本。DBS5900 系列基站的物理设备采用模块化结构设计，主要由 BBU5900+RRU 或 BBU5900+AAU 构成，同时可以和电源柜、传输柜、电池柜和其他配套设备进行灵活组合，以适用于各种场景，从而满足运营商快速、低成本建网需要。

本模块介绍 DBS5900 系列产品的逻辑架构、硬件组成和华为无线站点解决方案，通过典型场景的硬件配置来介绍无线站点设备和物理连线。

华为与 5G

中国移动 5G 一期
产品介绍

3.1 华为 BBU5900 基带产品

BBU5900 为基带处理单元，下面从其逻辑结构、外观、单板配置、单板功能、单板应用场景和单板规格等方面进行介绍。

3.1.1 BBU5900 的逻辑结构

BBU5900 由基带子系统、整机子系统、传输子系统、互联子系统、主控子系统、监控子系统和时钟子系统组成，如图 3-1 所示。

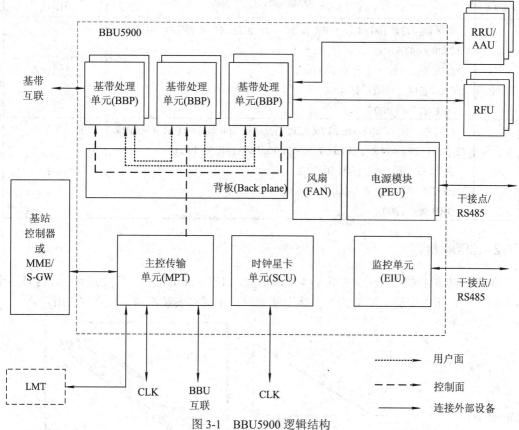

图 3-1 BBU5900 逻辑结构

各子系统互相配合主要实现以下两个功能：

(1) 提供与传输设备、射频模块、USB 设备、外部时钟源、LMT 或 MAE 连接的外部接口，实现信号传输、基站软件自动升级、接收时钟以及 BBU 在 LMT 或 MAE 上维护的功能。

(2) 集中管理整个基站系统，完成上下行数据的处理、信令处理、资源管理和操作维护的功能。

各个子系统又由不同的单元模块组成，见表 3-1。

表 3-1　BBU5900 逻辑子系统构成

子系统	单元模块	子系统	单元模块
整机子系统	背板、风扇、电源模块	主控子系统	主控传输单元
基带子系统	基带处理单元	监控子系统	电源模块、监控单元
传输子系统	主控传输单元	时钟子系统	主控传输单元、时钟星卡单元
互联子系统	主控传输单元		

单元模块对应不同的单板，可以按照使用场景进行灵活配置。在 5G NR(TDD)单模组网的场景下，配置 2 UMPTg + 6 UBBPg3，其业务处理能力见表 3-2。

表 3-2　BBU5900 典型配置处理能力

频段	业务处理能力	信令处理能力 (BHCA)
FR1	小区数：72×100 MHz 4T4R 或 36×100 MHz 8T8R 或 18×100 MHz 32T32R / 64T64R； 吞吐率：下行 + 上行为 50 Gb/s； RRC 连接用户数：14 400； DRB 数：43 200	2 592 000
FR2	小区数：72×200 MHz 2T2R (CPRI)或 36×200 MHz 4T4R (CPRI)或 72×200 MHz 4T4R (eCPRI)或 36×200 MHz 8T8R (eCPRI)； 吞吐率：下行 + 上行为 50 Gb/s； RRC 连接用户数：2400； DRB 数：7200	216 000

3.1.2　5900 机框

BBU5900 的机框是一个 19 英寸(442 mm)宽、2U(86 mm)高的小型盒式设备，内有三个可拆卸滑道，用来安装半宽板；当安装全宽板时，不需要安装滑道，如图 3-2 所示。

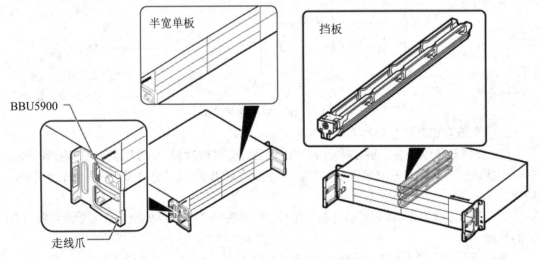

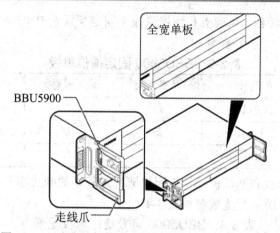

图 3-2 BBU5900 机框半宽单板、挡板和全宽单板示意图

在机框安装挂耳处有 ESN(Electronic Serial Number, 电子序列号), 该序列号是用来标识一个网元唯一性的标志, 在调测时需要使用该 ESN。ESN 和 Label(标签)在 BBU 上的位置如图 3-3 所示。

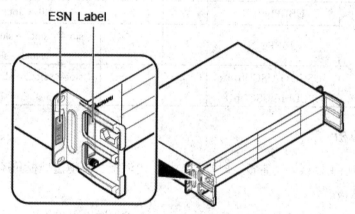

图 3-3 BBU5900 机框 ESN 标签

BBU 盒体上分布着多个槽位, 用于配置不同的 BBU 单板。配置半宽板时, BBU 上有 11 个槽位, 槽位分布如图 3-4 所示。

slot16	USCU/UBBP	slot0	USCU/UBBP	slot1	slot18 UPEU/UEIU
FAN	USCU/UBBP	slot2	USCU/UBBP	slot3	
	USCU/UBBP	slot4	USCU/UBBP	slot5	slot19
	UMPT	slot6	UMPT	slot7	UPEU

图 3-4 BBU5900 配置半宽单板槽位图

配置全宽板时, BBU 上有 8 个槽位, 槽位分布如图 3-5 所示。

slot16	slot0	UBBP	slot18 UPEU/UEIU
FAN	slot2	UBBP	
	slot4	UBBP	slot19
	slot6	UMPT UMPT slot7	UPEU

图 3-5 BBU5900 配置全宽单板槽位图

在任意场景下，电源板、风扇板和环境监控板固定配置在 BBU 内的相应位置，配置原则见表 3-3。

表 3-3　BBU5900 固定槽位单板

单板种类	单板名称	是否必配	最大配置数	槽位配置优先级
电源板	UPEUe	是	2	slot19 > slot18
风扇板	FANf	是	1	slot16
环境监控板	UEIUb	否	1	slot18

主控板、时钟星卡板和基带板的详细配置情况跟基站的制式相关，在 5G NR SA 单模组网时，单板槽位优先级及配置数量见表 3-4。

表 3-4　BBU5900 可变槽位单板配置

优先级	单板种类	单板类型	是否必配	最大配置数量	槽位配置优先级
1	主控板	UMPTg_N/UMPTga_N/ UMPTe_N	是	2	slot7 > slot6
2	基带板	UBBPfw1_N	否	3	slot0 > slot2 > slot4
		UBBPg_N	否	6	slot4 > slot2 > slot0 > slot1 > slot3 > slot5
3	时钟星卡板	USCU11/USCUb14/ USCUb16/USCUb18	否	1	slot4 > slot2 > slot0 > slot1 > slot3 > slot5

3.1.3　5900 单板

BBU 单板包括主控板、基带板、时钟星卡板、电源板、环境监控板和风扇。

1. UMPT 单板

UMPT(Universal Main Processing Transmission Unit)为通用主控传输单元，主要完成以下功能：

(1) 完成基站的配置管理、设备管理、性能监视、信令处理等功能。

(2) 为 BBU 内其他单板提供信令处理和资源管理功能。

(3) 提供 USB 接口、传输接口、维护接口，完成信号传输、软件自动升级、在 LMT 或 MAE 上维护 BBU 的功能。

UMPT 单板有多个型号，不同型号的单板可通过面板左下方的属性标签进行区分。支持 5G NR 的 UMPT 单板有 UMPTe、UMPTg 和 UMPTga 等 3 个型号，其中 UMPTe 单板仅支持 LTE 和 NR 共主控，不支持其他含 NR 的多模共主控单板配置。UMPT 面板外观如图 3-6 所示。

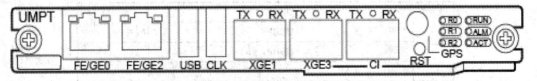

图 3-6　UMPT 单板外观

UMPT 单板接口功能见表 3-5。

表 3-5 UMPT 单板接口功能

面板标识	连接器类型	说　明
FE/GE0、FE/GE2	RJ45 连接器	FE/GE 电信号传输接口； UMPTg 的 FE/GE 电接口具备防雷功能，在室外机柜采用； 以太网电传输场景下，无需配置 SLPU 防雷盒
X/YGE1、 X/YGE3	SFP 母型连接器	XGE 接口为 10GE 光信号传输接口，最大传输速率为 10000 Mb/s； YGE 接口为 25GE 光信号传输接口，最大传输速率为 25000 Mb/s
GPS	SMA 连接器	UMPTg1 上的 GPS 接口预留； UMPTg2/UMPTg3 上 GPS 接口用于传输天线接收的射频信息给星卡； UMPTg 单板上的 GPS 接口具备防雷功能，无需配置 GPS 防雷器
USB	USB 连接器	与调试网口复用
CLK	USB 连接器	接收 TOD 信号； 时钟测试接口，用于输出时钟信号
CI	SFP 母型连接器	用于 BBU 互联或者与 USU 互联
RST	—	复位开关

UMPTe 和 UMPTga 单板配置的是 XGE 接口，UMPTg 配置的是 YGE 接口。

UMPT 单板随着配置的星卡不同，支持的卫星模式有所区别，具体见表 3-6。

表 3-6 UMPT 单板星卡配置

单板类型	星卡工作模式
UMPTe1、UMPTg1、UMPTga1	无星卡
UMPTe2、UMPTg2、UMPTga2	GPS
UMPTg3、UMPTga3	GPS、GLONASS、Galileo、BDS、多模

2. UBBP 单板

UBBP(Universal Base Band Processing Unit)是通用基带处理单元，主要完成以下功能：

(1) 提供与射频模块通信的 CPRI。

(2) 完成上下行数据的基带处理功能。

(3) 支持制式间基带资源重用，实现多制式并发。

UBBP 单板有全宽单板和半宽单板两种尺寸，目前主要使用半宽单板。支持 NR 的半宽单板有 UBBPg2、UBBPg2a、UBBPg3 和 UBBPg3b 等 4 个型号。UBBP 单板的面板如图 3-7 所示。

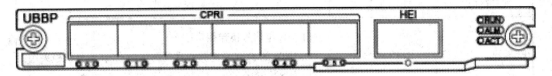

图 3-7　UBBP 单板外观

UBBP 单板的接口含义见表 3-7。

表 3-7　UBBP 单板接口功能

单板名称	面板标识	连接器类型	接口数量	说　　明
UBBPg2、UBBPg2a、UBBPg3b、UBBPg3	CPRI0～CPRI5	SFP 母型连接器	6	BBU 与射频模块互联的数据传输接口，支持光、电传输信号的输入、输出
	HEI	QSFP 连接器	1	基带互联或与 USU 互联，实现基带之间或者与 USU 之间的数据通信。

UBBP 单板可以支持 SFP(Small Form-factor Pluggable，小型可插拔)和 DSFP(Dual Small Form-factor Pluggable，双通道小型可插拔)光模块，支持 CPRI 和 eCPRI 接口协议。使用 CPRI 协议时支持星型、链型、环型和负荷分担等组网方式，使用 eCPRI 接口协议时支持星型和负荷分担组网方式。

UBBP 单板在不同频段类型下的业务支持能力见表 3-8。

表 3-8　UBBP 单板处理能力

单板名称	小区频谱类型	小　区　数
UBBPg2a	Sub6G	6×20/30/40/50/60/70/80/90/100 MHz 4T4R
		3×20/30/40/50/60/70/80/90/100 MHz 8T8R
		3×20/30/40/50/60/70/80/90/100 MHz 32T32R
		3×20/30/40/50/60/70/80/90/100 MHz 64T64R
	Sub6G+SUL	3×40/50/60/70/80/90/100 MHz 32T32R + 3×10/15/20 MHz 2R/4R
		3×40/50/60/70/80/90/100 MHz 64T64R + 3×10/15/20 MHz 2R/4R
UBBPg3	Sub6G	12×20/30/40/50/60/70/80/90/100 MHz 4T4R
		6×20/30/40/50/60/70/80/90/100 MHz 8T8R
		3×A 32T32R + 3×B 32T32R[2]
		3×A 64T64R + 3×B 64T64R[2]
	Sub6G+SUL	3×A 32T32R + 3×B 32T32R[1] + 6×10/15/20 MHz 2R/4R
		3×A 32T32R + 3×B 32T32R[2] + 3×10/15/20 MHz 2R/4R
		3×A 64T64R + 3×xB 64T64R[1] + 6×10/15/20 MHz 2R/4R
		3×A 64T64R + 3×B 64T64R[2] + 3×10/15/20 MHz 2R/4R

续表

单板名称	小区频谱类型	小 区 数
UBBPg3b	Sub6G	6×20/30/40/50/60/70/80/90/100 MHz 4T4R
		3×20/30/40/50/60/70/80/90/100 MHz 8T8R
		3×20/30/40/50/60/70/80/90/100 MHz 32T32R
		3×20/30/40/50/60/70/80/90/100 MHz 64T64R
	Sub6G + SUL	3×40/50/60/70/80/90/100 MHz 32T32R + 3×10/15/20 MHz 2R/4R
		3×40/50/60/70/80/90/100 MHz 64T64R + 3×10/15/20 MHz 2R/4R

表 3-8 中：

(1) A 和 B 表示小区带宽，分别支持 20/30/40/50/60/70/80/90/100 MHz。3 × A 32T32R + 3 × B 32T32R 和 3 × A 64T64R + 3 × B 64T64R 两种规格下，小区带宽 A 和小区带宽 B 之和不能超过 100 MHz。A 和 B 之和为 100 MHz 时，不支持 30 MHz 和 70 MHz 带宽组合，也不支持 50 MHz 与 50 MHz 带宽组合。且和 SUL 绑定的小区带宽 A 或小区带宽 B 必须大于等于 40MHz。

(2) A 和 B 表示小区带宽，分别支持 20/30/40/50/60/70/80/90/100 MHz。3 × A 32T32R + 3 × B 32T32R 和 3 × A 64T64R + 3 × B 64T64R 两种规格下，小区带宽 A 和小区带宽 B 之和不能超过 120 MHz。A 和 B 之和为 120 MHz 时，不支持 30 MHz 和 90 MHz 带宽组合；也不支持 50 MHz 与 70 MHz 带宽组合。且和 SUL 绑定的小区带宽 A 或小区带宽 B 必须大于等于 40 MHz。

3. UPEU

UPEUe(Universal Power and Environment interface Unit type e)是通用电源环境接口单元。UPEUe 的主要功能如下：

(1) 将 −48 V 直流输入电源转换为 +12 V 直流电源。

(2) 提供 2 路 RS-485 信号接口和 8 路开关量信号接口，开关量输入只支持干接点和 OC(Open Collector)输入。

UPEU 单板面板如图 3-8 所示。

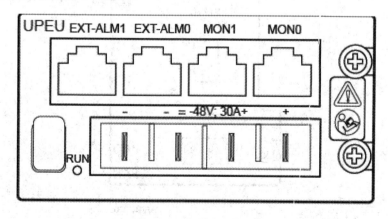

图 3-8　UPEU 单板面板

UPEU 单板接口功能见表 3-9。

表 3-9 UPEU 单板接口功能

面板标识	连接器类型	说　明
-48 V；30 A	HDEPC 连接器	-48 V 直流电源输入
EXT-ALM0	RJ45 连接器	0～3 号开关量信号输入端口
EXT-ALM1	RJ45 连接器	4～7 号开关量信号输入端口
MON0	RJ45 连接器	0 号 RS-485 信号输入端口
MON1	RJ45 连接器	1 号 RS-485 信号输入端口

BBU5900 配置双路电源，占用两个配电口。配电线缆如图 3-9 所示。

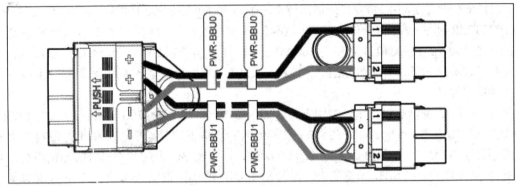

图 3-9　BBU5900 配电线缆

4. FANf 单板

FANf 是 BBU 的风扇模块，其外观如图 3-10 所示。

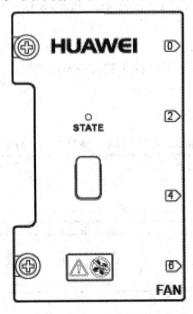

图 3-10　FANf 面板

FANf 模块的主要功能如下：

(1) 为 BBU 内其他单板提供散热功能。

(2) 控制风扇转速和监控风扇温度，并向主控板上报风扇状态、风扇温度值和风扇在位信号。

(3) 支持电子标签读写功能。

3.1.4 BBU 单板指示灯

1. 单板状态指示灯

BBU 单板上的状态指示灯如图 3-11 所示，指示灯说明见表 3-10。

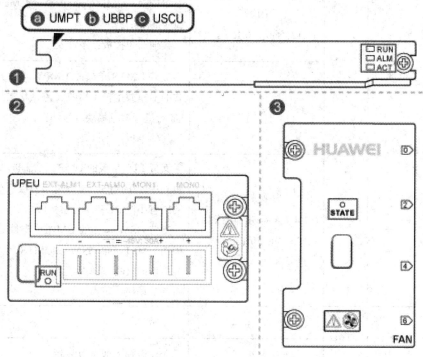

图 3-11 BBU3900 各单板指示灯位置

表 3-10 BBU5900 单板指示灯说明

图例	面板标识	颜色	状态	说明
①	RUN	绿色	常亮	有电源输入，单板存在故障
			常灭	无电源输入或单板处于故障状态
			闪烁(1 s 亮，1 s 灭)	单板正常运行
			闪烁(0.125 s 亮，0.125 s 灭)	单板正在加载软件或数据配置；单板未开工
	ALM	红色	常亮	有告警，需要更换单板
			常灭	无故障
			闪烁(1 s 亮，1 s 灭)	有告警，不能确定是否需要更换单板

续表

图例	面板标识	颜色	状 态	说 明
①	ACT	绿色	常亮	主控板：主用状态； 其他非主控板：单板处于激活状态，正在提供服务
			常灭	主控板：非主用状态； 非主控板：单板没有激活或单板没有提供服务
			闪烁 (0.125 s 亮，0.125 s 灭)	主控板：OML(Operation and Maintenance Link)断链； 其他非主控板：不涉及
			闪烁 (1 s 亮，1 s 灭)	支持 UMTS 单模的 UMPT、含 UMTS 制式的多模共主控 UMPT：测试状态，例如，Ua 盘进行射频模块驻波测试； 其他单板：不涉及
			闪烁 (以 4 s 为周期，前 2 s 内，0.125 s 亮，0.125 s 灭，重复 8 次后常灭 2 s)	支持 LTE 单模的 UMPT、含 LTE 制式的多模共主控 UMPT：未激活该单板所在框配置的所有小区 S1 链路异常 支持 GSM 单模的 UMPT、支持 UMTS 单模的 UMPT、含 GSM 或 UMTS 制式的多模共主控 UMPT：单板正常运行 其他单板：不涉及
②	RUN	绿色	常亮	正常工作
			常灭	无电源输入或单板故障
③	STATE	红绿双色	绿灯闪烁 (0.125 s 亮，0.125 s 灭)	模块尚未注册，无告警
			绿灯闪烁(1 s 亮，1 s 灭)	模块正常运行
			红灯闪烁(1 s 亮，1 s 灭)	模块有告警
			常灭	无电源输入

2. 接口指示灯

BBU 单板上的接口指示灯用于指示单板接口链路连接和工作状态。

1) FE/GE 接口指示灯

FE/GE 接口指示灯位于主控板和传输板上，这些指示灯在单板上没有丝印显示，它们分布在 FE/GE 电口或 FE/GE 光口的两侧或接口上方，如图 3-12 所示。

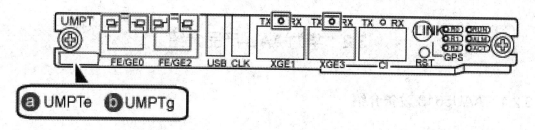

图 3-12 UMPT 单板 GE/GE 指示灯

FE/GE 接口指示灯状态含义见表 3-11。

表 3-11 UMPT FE/GE 接口指示灯状态含义

指示灯名称	颜 色	状 态	含 义
TX RX	红绿双色	绿灯常亮	以太网链路正常
		红灯常亮	光模块收发异常
		红灯闪烁(1 s 亮，1 s 灭)	以太网协商异常
		常灭	SFP模块不在位或者光模块电源下电

2) 工作制式指示灯

UMPT 单板工作制式指示灯位置如图 3-13 所示。

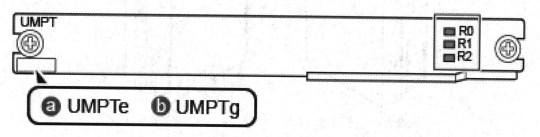

图 3-13 UMPT 单板工作制式指示灯

UMPT 单板工作制式指示灯状态含义见表 3-12

表 3-12 UMPT 单板工作制式指示灯状态含义

面板标识	颜色	状 态	含 义
R0	红绿双色	常灭	没有工作在 GSM 制式
		绿灯常亮	工作在 GSM 制式
		绿灯闪烁(1 s 亮，1 s 灭)	工作在 NR 制式
		绿灯闪烁(0.125 s 亮，0.125 s 灭)	同时工作在 GSM 和 NR 制式
R1	红绿双色	常灭	没有工作在 UMTS 制式
		绿灯常亮	工作在 UMTS 制式
R2	红绿双色	常灭	没有工作在 LTE 制式
		绿灯常亮	工作在 LTE 制式

3.2 华为 AAU 产品介绍

3.2.1 AAU5613 设备介绍

1. AAU 产品外观

AAU 是天线和射频单元集成一体化的模块，可以更好地适应 5G Massive MIMO 对 32/64 通道或更多天线通道的要求。目前华为主流的 AAU 模块有 AAU5613、AAU5313 和 AAU5619 等。下面以 AAU5613 为例详细说明 AAU 相关参数。图 3-14 所示为 AAU5613 的外观。

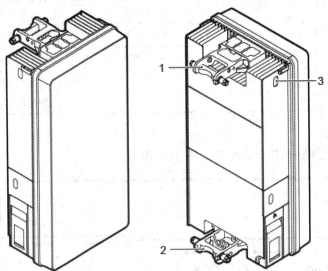

1—安装件：上把手；2—安装件：下把手；3—防掉落安全加固孔

图 3-14 AAU5613 外观

AAU5613 的物理尺寸如图 3-15 所示。

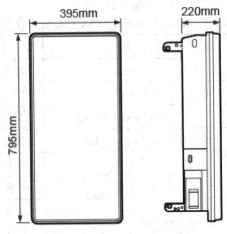

图 3-15 AAU5613 物理尺寸

在维护腔盖的铭牌上可查询到 AAU 的模块名称、编码和电源信息，铭牌在 AAU 上的位置及铭牌内容如图 3-16 所示。

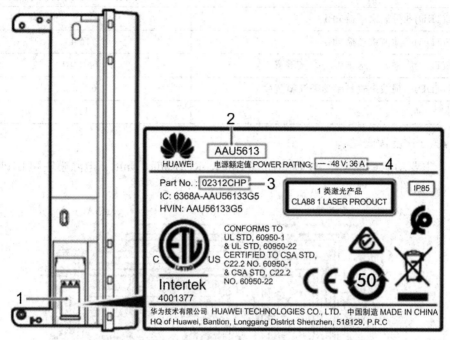

1—铭牌；2—模块名称；3—模块编码；4—电源

图 3-16　AAU5613 设备铭牌位置和铭牌信息

2. AAU5613 技术参数

AAU5613 仅支持 TDD 系统，具体支持的制式和频段见表 3-13。

表 3-13　AAU5613 支持制式和频段

协议频段	频率范围/MHz	收发通道	容量	支持的带宽/MHz	最大输出功率
B42/n78	3400~3600	64T64R	LTE：6 载波 NR：2 载波 TN：1 个 NR 载波和 5 个 LTE 载波	LTE：10/15/20 NR：20/30/40/50/60/70/80/90/100	200 W

AAU5613 方向性性能见表 3-14。

表 3-14　AAU5613 方向性性能

项　目	规　格
频段范围/MHz	3400~3600
极化方式/°	+45，-45
NR(TDD)增益/dBi	25
NR(TDD)波束水平扫描范围/°	-60~+60
NR(TDD)波束垂直扫描范围/°	-15~+15

续表

项 目	规 格
LTE(TDD)业务波束增益/dBi	25
LTE(TDD)广播波束增益/dBi	16.4
LTE(TDD)广播波束水平半功率波瓣宽度/°	65 ± 10
LTE(TDD)广播波束垂直半功率波瓣宽度/°	6.5 ± 1
天线阵子数	192

3. AAU 产品逻辑结构

AAU 主要功能模块包括 AU(Antenna Unit)、RU(Radio Unit)、电源模块和 L1(物理层)处理单元，如图 3-17 所示。

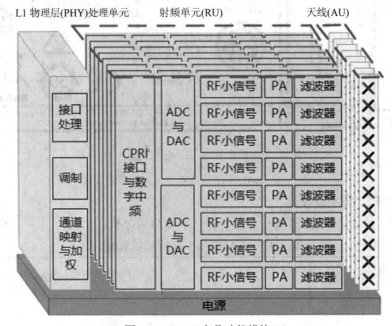

图 3-17　AAU 产品功能模块

各功能模块主要功能见表 3-15。

表 3-15　AAU 功能模块描述

功能模块	功能描述
AU	天线采用 8×12 阵列，支持 96 个双极化振子，完成无线电波的发射与接收
RU	(1) 接收通道对射频信号进行下变频、放大、ADC(Analog-to-Digital Conversion，模数转换)及数字中频处理； (2) 发射通道完成下行信号滤波、DAC(Digital-to-Analog Conversion，数模转换)、上变频、模拟信号放大处理； (3) 完成上下行射频通道相位校正； (4) 提供防护及滤波功能

续表

电源模块	电源模块用于向 AAU 提供工作电压
L1 处理单元	(1) 完成物理层上下行处理； (2) 完成下行调制； (3) 完成通道加权； (4) 提供 eCPRI，实现 eCPRI 信号的汇聚与分发

4. AAU 接口与工作指示灯

AAU5613 物理接口和工作指示灯位置如图 3-18 所示。物理接口描述见表 3-16，工作指示灯含义见表 3-17。

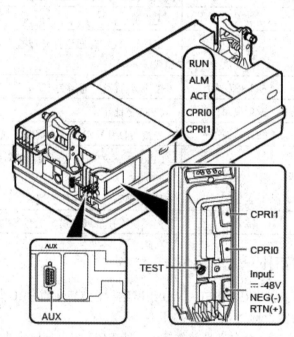

图 3-18 AAU5613 物理接口和工作指示灯位置

表 3-16 AAU5613 物理接口描述

接口标识	连接器类型	说　明
CPRI1	DLC	光接口 1，速率 10.3125 Gb/s 或 25.78125 Gb/s。安装光纤时需要在光接口上插入光模块
CPRI0	DLC	光接口 0，速率 10.3125 Gb/s 或 25.78125 Gb/s。安装光纤时需要在光接口上插入光模块
Input	快速安装型母端(免螺钉型)连接器	−48 V DC 电源接口
AUX	DB9 公型连接器	AISU(Antenna Information Sensor Unit)模块接口，承载 AISG 信号
TEST	NA	预留接口，不可用

表 3-17 AAU5613 工作指示灯含义

标识	颜色	状态	含　义
RUN	绿色	常亮	有电源输入，模块故障
		常灭	无电源输入或者模块故障
		慢闪(1 s 亮/灭)	模块正常运行
		快闪(0.125 s 亮/灭)	模块正在加载软件或者模块未运行
ALM	红色	常亮	告警状态，需要更换模块
		慢闪(1 s 亮/灭)	告警状态，不能确定是否需要更换模块，可能是相关模块或接口等故障引起的告警
		常灭	无告警
ACT	绿色	常亮	工作正常(发射通道打开或软件在未开工状态下进行加载)
		慢闪(1 s 亮/灭)	模块运行(发射通道关闭)
CPRI0/CPRI1	红绿双色	绿灯常亮	CPRI 链路正常
		红灯常亮	光模块收发异常(光模块故障、光纤折断等)
		红灯慢闪(1 s 亮/灭)	CPRI 链路失锁(双模时钟互锁问题、CPRI 接口速率不匹配等) 处理建议：检查系统配置
		常灭	光模块不在位或光模块电源下电

3.2.2 CPRI 接口拓扑

CPRI 接口拓扑结构即 RRU/RFU/AAU 组网结构，指基站的 BBU 与 RRU/RFU/AAU 间的前传接口组网，通常也称为 CPRI 接口组网。

CPRI 有两层含义，一个含义是前传接口，即 BBU 和射频模块的接口；另一个含义是 CPRI 协议。而前传接口除了 CPRI 协议外，还包括 eCPRI 协议。eCPRI 本身只代表 eCPRI 协议，接口还是 CPRI 接口。所以通常说的 CPRI 接口、链路等都是指前传接口，包括 CPRI 协议和 eCPRI 协议两种模式。

BBU 与 RRU/RFU/AAU 间的传输链路称为 CPRI 链路，用于传输 BBU 与 RRU/RFU/AAU 间的控制面数据和用户面数据。

eCPRI(enhanced CPRI，增强型 CPRI)是一种用于连接无线基站 BBU-AAU 的接口协议，通过该接口协议建立起它们之间的数据传输通道，通道上的数据包括控制面数据、用户面数据、同步面数据。

eCPRI 和 CPRI 相比，主要有两方面的区别：切分物理层，将部分物理层处理单元从 BBU 搬到了 AAU 上；数据传输方式由时分多路复用(TDM，Time Division Multiplexing)改为以太网。

CPRI 接口基本拓扑结构包括星型组网、链型组网和环型组网等 3 种。

1. 星型组网

星型组网适用于大多数地区，尤其是人口稠密的地区，例如城市中心等。

采用星型组网时，不同的 RRU/RFU/AAU 直接连接到 BBU 的 BBP/BRI 内不同的 CPRI 接口，如图 3-19 所示。

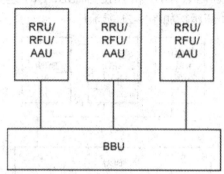

图 3-19　CPRI 接口星型组网

BBU 通过 BBP 和每个 RRU/RFU/AAU 分别建立操作维护链路，控制面数据和用户面数据会在 CPRI 链路上进行传输。

对于星型组网，如果 CPRI 接口或 CPRI 链路故障，则仅影响通过此 CPRI 接口或 CPRI 链路与 BBU 通信的 RRU/RFU/AAU 承载的业务，因此星型组网的可靠性较高。星型组网的缺点是所需 CPRI 线缆较多。

2. 链型组网

链型组网适用于呈带状分布、用户密度较小的特殊地区，例如高速公路沿线、铁路沿线等。

采用链型组网时，对于每一条独立的链路，只有第一级 RRU/RFU/AAU 直接与 BBU 的 BBP 的 CPRI 接口相连，其他 RRU/RFU/AAU 依次与上级 RRU/RFU/AAU 相连，如图 3-20 所示。

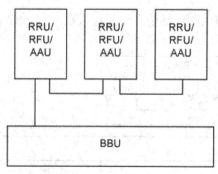

图 3-20　CPRI 接口链型组网

BBU 通过 BBP 和链上的每个 RRU/RFU/AAU 分别建立操作维护链路，控制面数据和用户面数据会在 CPRI 链路上进行传输。上级 RRU/RFU/AAU 需要转发下级 RRU/RFU/AAU 的数据，链上所有 RRU/RFU/AAU 所占的物理带宽总和不能超过 BBP 上的 CPRI 接口的物理带宽。

对于链型组网，如果 CPRI 接口或 CPRI 链路故障，则通过此 CPRI 接口或 CPRI 链路与 BBU 通信的下级 RRU/RFU/AAU 承载的业务全部受到影响，因此链型组网可靠性较差。链型组网的优点是可以节省 CPRI 线缆。

3. 环型组网

环型组网指的是将 RRU/RFU/AAU 和 BBU 的 BBP/BRI 连接形成环路，板上 CPRI 连线的两端分别为环的环头和环尾，如图 3-21 所示。

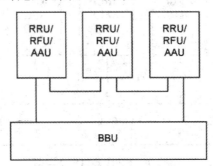

图 3-21　CPRI 接口环型组网

环型组网可以有效提升 CPRI 接口的安全性，在不同配置模型下可以有效提升容灾能力，具体容灾备份方式在下一节展开。

3.2.3　CPRI 接口备份方案

为了提高 CPRI 接口的安全性，可以通过 CPRI 组网、连接基带单板多个接口、连接不同基带单板等方式来实现 CPRI 接口的冗余备份。

1. 环型组网

环型组网时，依据连接的 BBU 单板不同有板内冷备份、板间冷备份和热备份三种组网方式。

1) 板内冷备份环型组网

采用板内冷备份环型组网时，环头和环尾连接在同一 BBP 的不同 CPRI 接口上，其连接如图 3-22 所示。

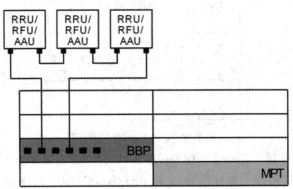

图 3-22　板内冷备份环型组网

BBU 通过 BBP 的任一个 CPRI 接口和环上的各个 RRU/RFU/AAU 分别建立操作维护链路，控制面数据和用户面数据会在 CPRI 链路上进行传输。

对于板内冷备份环型组网：

(1) 如果 BBP 故障，则环上所有 RRU/RFU/AAU 承载的业务都会中断且不可恢复。

(2) 如果环上传输业务的 CPRI 接口或 CPRI 链路故障，则通过此 CPRI 接口或 CPRI 链路与 BBU 通信的 RRU/RFU/AAU 业务会中断并切换到另一侧 CPRI 线缆重新建立通信；非传输业务的 CPRI 接口或 CPRI 链路故障，则对 RRU/RFU/AAU 业务无影响。

(3) 环上同时存在基带扩展和非基带扩展场景时，当由于接口故障导致非基带扩展场景的载波需要切换到另外一侧通信时，会影响该侧原有基带扩展场景上的载波业务。

2) 板间冷备份环型组网

采用板间冷备份环型组网时，环头和环尾连接在不同的 BBP 单板上，如图 3-23 所示。

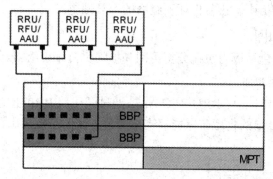

图 3-23 板间冷备份环型组网

BBU 通过任一块 BBP 和环上的各个 RRU/RFU/AAU 分别建立操作维护链路，控制面数据和用户面数据会在 CPRI 链路上进行传输。

对于板间冷备份环型组网：

(1) 如果传输业务的 BBP 故障，则环上所有 RRU/RFU/AAU 的业务中断并切换到另一块 BBP 重新建立通信；非传输业务的 BBP 故障则对 RRU/RFU/AAU 业务无影响。

(2) 如果环上传输业务的 CPRI 接口或 CPRI 链路故障，则通过此 CPRI 接口或 CPRI 链路与 BBU 通信的 RRU/RFU/AAU 业务会中断并切换到另一侧 CPRI 线缆重新建立通信；非传输业务的 CPRI 接口或 CPRI 链路故障则对 RRU/RFU/AAU 业务无影响。

3) 热备份环型组网

采用热备份环型组网场景时，每个 RRU/RFU/AAU 同时与两块 BBP 相连，且环上只能存在一个 RRU/RFU/AAU，如图 3-24 所示。

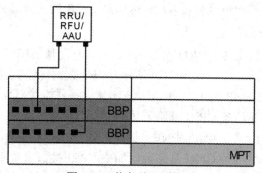

图 3-24 热备份环型组网

BBU 通过其中一块 BBP 与 AAU 建立操作维护链路,但用户面数据会同时在两条 CPRI 链路上传输,且两条 CPRI 链路传输的内容相同。

对于热备份组网:

(1) 如果与 RRU/RFU/AAU 建立操作维护链路的 BBP 故障,则环上 RRU/RFU/AAU 的业务会中断并切换到另一块 BBP 重新建立通信;未与 RRU/RFU/AAU 建立操作维护链路的 BBP 故障对 RRU/RFU/AAU 业务无影响。

(2) 如果环上承载操作维护业务的 CPRI 接口或 CPRI 链路故障,RRU/RFU/AAU 业务会迅速切换到另一侧 CPRI 线缆进行通信;未承载操作维护业务的 CPRI 接口或 CPRI 链路故障对 RRU/RFU/AAU 业务无影响。

与冷备份环型组网相比,热备份环型组网的可靠性更高。

2. 单模负荷分担组网

单模负荷分担组网包括板内负荷分担组网和板间负荷分担组网。

1) 单模板内负荷分担组网

采用板内负荷分担组网时,RRU/RFU/AAU 通过同一块 BBP 上两个 CPRI 接口与 BBU 相连,确保两个 CPRI 接口的物理带宽能够支撑所建小区的带宽需求,其连接拓扑如图 3-25 所示。

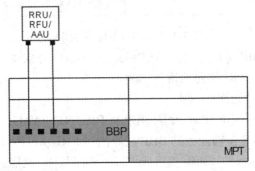

图 3-25　单模板内负荷分担组网

BBU 通过 BBP 的其中一个 CPRI 接口与 RRU/RFU/AAU 建立操作维护链路,用于传输操作维护数据;用户面数据会同时在两条 CPRI 链路上传输。

对于板内负荷分担组网,当承载操作维护业务的 CPRI 接口或 CPRI 链路故障时,操作维护链路会自动切换到另一条 CPRI 链路上,如果 CPRI 接口带宽不能支持小区所需带宽,则小区服务能力下降,例如小区会由 4T4R 退回到 2T2R 的工作模式。

2) 单模板间负荷分担组网

采用板间负荷分担组网时,RRU/RFU/AAU 同时与两块 BBP 的 CPRI 接口连接。其拓扑连接与热备份环型组网一样,如图 3-24 所示,但是数据传输机制有所不同。

BBU 通过其中一块 BBP 与 RRU/RFU/AAU 建立操作维护链路,用于传输操作维护数据;用户面数据会同时在两条 CPRI 链路上传输。

对于板间负荷分担组网,当承载操作维护业务的 CPRI 接口或 CPRI 链路故障时,操作维护链路会自动倒换到另一条 CPRI 链路上,如果 CPRI 接口带宽不能支持小区所需带宽,则小区服务能力下降,例如小区会由 4T4R 退回到 2T2R 的工作模式。

3. 多模组网

多模组网适用于多模基站的场景，此时单个多模射频模块两条 CPRI 链路共同支撑了两个或两个以上制式的业务，且两条 CPRI 链路分别承载不同制式的业务，此类组网称为多模组网。

1) 多模负荷分担组网

多模负荷分担组网适用于多模共主控场景，RRU/RFU/AAU 分别与两个异制式的 BBP 连接(两块 BBP 支持的制式无交集)，如图 3-26 所示。

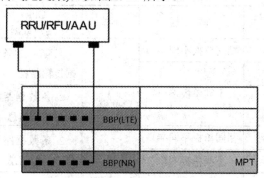

图 3-26　单模板间负荷分担组网

以 BBU5900 为例，NL 多模负荷分担组网中，RRU/RFU/AAU 的两个 CPRI 接口分别与 NR 制式的 BBP 和 LTE 制式的 BBP 连接。

BBU 通过其中一个制式的 BBP 与 RRU/RFU/AAU 建立操作维护链路，用于传输操作维护数据；两个制式的用户面数据分别在各自的 CPRI 链路上进行传输。

如果与 RRU/RFU/AAU 建立操作维护链路的 BBP 故障，则 RRU/RFU/AAU 上承载的业务会中断并切换到另一块 BBP 重新建立通信。这个过程中 BBP 上承载的业务都会受到影响，待射频模块重新建立通信后状态正常的端口上可以恢复业务，状态异常的端口上无法恢复业务。未与 RRU/RFU/AAU 建立操作维护链路的 BBP 故障，仅会影响该端口上原来承载的业务，对另外一个端口的业务无影响。

2) 双星型组网

双星型适用于分离主控多模基站的场景。

采用双星型组网时，RRU/RFU/AAU 分别与两个异制式的 BBP/BRI 连接。下面以 BBU5900 NR 双模为例说明双星型组网，其拓扑连接如图 3-27 所示。

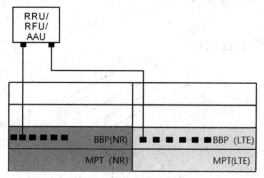

图 3-27　双星型组网

采用双星型组网时，BBU 通过两个制式的 BBP 分别与 RRU/RFU/AAU 建立操作维护链路，两个制式的控制面数据和用户面数据分别在各自的 CPRI 链路上进行传输。

对于双星型组网，由复位主控板导致的一个制式的 CPRI 接口或 CPRI 链路故障，不会影响另一个制式的业务。

4. CPRI 接口备份方式比较

不同 CPRI 接口备份方式比较见表 3-18。

表 3-18 不同 CPRI 接口备份方式比较

备份方式	基带单板	制式	CPRI 用户数据	CPRI 维护通道	RRU 数量
板内冷备份环型组网	相同单板不同端口	单模	只建立 1 条数据传输路径	1 条维护通道	多个
板间冷备份环型组网	不同单板端口				
热备份环型组网			2 条数据路径传输相同信息		1 个
单模负荷板内分担组网	相同单板不同端口		2 条数据路径传输两路信息		
单模负荷板间分担组网	不同单板端口				
多模负荷分担组网	不同制式单板	共主控多模	2 条数据路径传输不同制式信息		
双星型组网		分离主控多模		2 条维护通道	

3.3 光模块与光纤

光模块用于连接光接口与光纤，传输光信号。光模块有多种类型，同一根光纤两端的光模块需要配对使用，光模块混用可能会产生相关告警、误码或断链等性能风险。

光模块又分为单模光模块和多模光模块，可通过如下方式进行区分：

(1) 若光模块拉环颜色为蓝色，则为单模光模块；若光模块拉环颜色是黑色或灰色，则为多模光模块。

(2) 若光模块标签上传输模式标识为"SM"，则为单模光模块；若光模块标签上传输模式标识为"MM"，则为多模光模块。

1. SFP 光模块

SFP 光模块外观如图 3-28 所示。

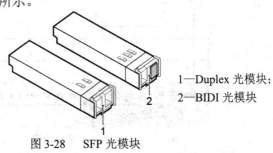

1—Duplex 光模块；
2—BIDI 光模块

图 3-28 SFP 光模块

光模块上贴有标签，标签上包含速率、波长、传输距离和传输模式等信息，标签示意如图 3-29 所示。

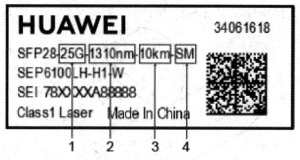

1—速率；2—波长；3—传输距离；4—传输模式

图 3-29　光模块标签

2. QSFP 光模块

QSFP 光模块包括 100G BIDI 光模块、100G SR4 光模块和 100G Duplex 光模块。

100G BIDI 光模块提供 1 个 LC 接口，100G SR4 光模块提供一个 MPO(Multi-fiber Pull Off，多纤芯连接)接口，100G Duplex 光模块提供一个 DLC 接口。光模块外观及接口如图 3-30 所示。

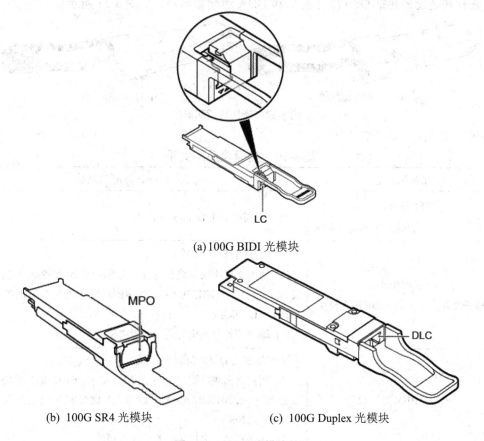

图 3-30　QSFP 光模块外观

3. DSFP 光模块

DSFP 光模块为 2×10G BIDI 光模块，提供 2 个 LC 接口，每个 LC 接口通道都可以独立配置速率。DSFP 光模块外观如图 3-31 所示。

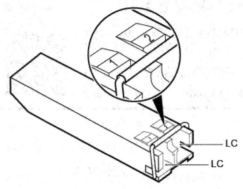

图 3-31　DSFP 光模块外观

4. 光模块适配器

光模块适配器用于在 SFP 和 QSFP 光口之间进行经济、高效的连接，SFP 光模块插入光模块适配器中之后，便可以插入 QSFP 光口中使用。

光模块适配器包括 QSA28 适配器和 QDA 适配器两种，如图 3-32 所示。

(a) QSA28 适配器　　　　　　　　　　　　　(b) QDA 适配器

图 3-32　光模块适配器

光模块适配关系见表 3-19。

表 3-19　光模块适配关系

光模块类型	BBU 侧与 AAU 侧配对关系
SFP Duplex (双纤双向，下文简称 Duplex)光模块	规格相同的 SFP Duplex 光模块
SFP BIDI (单纤双向，下文简称 BIDI)光模块	两侧均使用 SFP BIDI 光模块： (1) 两侧光模块收发波长为对应关系，如 BBU 侧光模块收发波长为 1270TX/1330RX，则 RRU 侧光模块收发波长为 1330TX/1270RX。 (2) 除波长外，光模块的其他规格相同
QSFP BIDI 光模块	两侧均使用 QSFP BIDI 光模块： (1) 两侧光模块收发波长为对应关系，如 BBU 侧光模块收发波长为 1270TX/1330RX，则 RRU 侧光模块收发波长为 1330TX/1270RX。 (2) 除波长外，光模块的其他规格相同

续表

光模块类型	BBU 侧与 AAU 侧配对关系
QSFP Duplex 光模块	规格相同的 QSFP Duplex 光模块
QSFP SR4 (短距，下文简称 SR4)光模块	规格相同的 QSFP SR4 光模块
DSFP 光模块/SFP BIDI 光模块	BBU 侧使用 DSFP 光模块，RRU 侧使用 SFP BIDI 光模块： (1) 两侧光模块收发波长为对应关系，如 BBU 侧光模块收发波长为 1270TX/1330RX，则 RRU 侧光模块收发波长为 1330TX/1270RX。 (2) 除波长外，光模块的其他规格相同

5. 光纤

光纤用于传输 CPRI/eCPRI 信号，需配套 SFP 光模块使用，其在连接拓扑中的位置如图 3-33 所示。

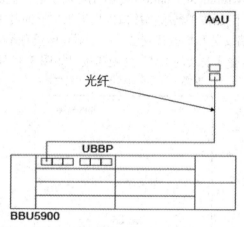

图 3-33　光纤位置

光纤外观如图 3-34 所示，对应不同的光模块，其接头类型也不同，图中给出的是 DLC 连接头。

1—DLC 连接器；2—分支光缆；3—分支光缆标签

图 3-34　光纤外观

3.4　无线站点解决方案

为了保障 DBS5900 安全、稳定地运行，华为还提供了无线站点配套设备，主要包括安装机架、电源设备和监控设备，如图 3-35 所示。

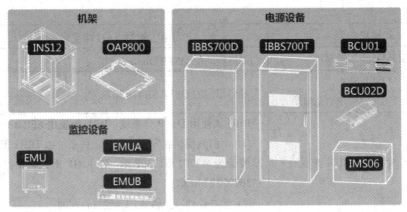

图 3-35　华为无线站点配套设备

安装机架和电源设备根据安装场景和现有机房条件可以灵活选择，这里主要介绍监控设备。

环境监控仪 EMU(Environment Monitoring Unit)可用于监控机房的环境情况，提供温湿度、烟雾、水浸、红外、门磁传感器检测接口，也提供扩展的开关量、模拟量、输出控制检测接口。EMU 支持挂墙安装和机架式安装，针对不同场景有不同型号可以选择，其对外接口和配置方式类似。挂墙式安装的 EMU 外观和接口如图 3-36 所示。

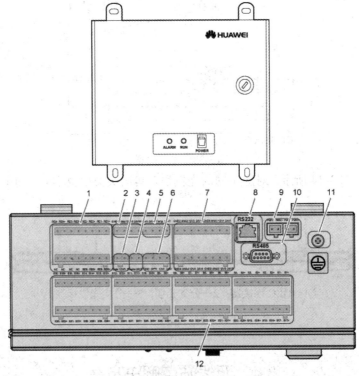

1—6 路开关量输出接口；2—水浸传感器接口；3—门磁传感器接口；4—烟感传感器接口；
5—温湿度传感器接口；6—红外传感器接口；7—4 路模拟量传感器接口；8—RS-232 接口；
9—主备电源接口；10—双路 RS-485 接口；11—接地螺栓；12—32 路开关量传感器接口

图 3-36　EMU 外观和对外接口

EMU 使用 RS-485 串口与 BBU3900 通信，支持双路(主备方式)。EMU 在只有一路 RS-485 串口连接的条件下也可正常工作，建议提供两路主备方式的 RS-485 串口连接。提供两路 RS-485 串口连接时建议串口 1 为主串口。串口线外观如图 3-37 所示，其 B 端信号定义见表 3-20。EMU 串口线的 A 端连接到 BBU 的 EPU 单板，B 端连接到 EMU。

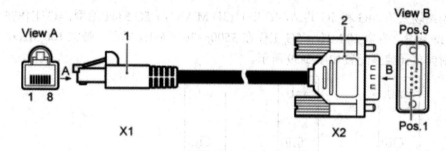

图 3-37 EMU 串口线外观及线序

表 3-20 串口线 B 端信号定义

PIN	定 义
1	NULL
2	RX1+：串口 1 接收正端
3	TX1+：串口 1 发送正端
4	RX2+：串口 2 接收正端
5	TX2+：串口 2 发送正端
6	RX1-：串口 1 接收负端
7	TX1-：串口 1 发送负端
8	RX2-：串口 2 接收负端
9	TX2-：串口 2 发送负端

EMU 与 BBU5900 连接方式如图 3-38 所示。

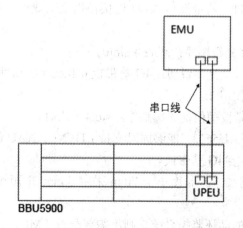

图 3-38 EMU 与 BBU5900 连接示意图

3.5　5G 宏站典型配置

在宏站场景下，4G 和 5G 共站，4G S111(3D MIMO) + 5G S111 站型，4G 工作在 3400～3420 MHz 频段，带宽 20 MHz；5G 工作在 3500～3600 MHz 频段，带宽 100 MHz，其基带单元和射频单元典型配置如图 3-39 所示。

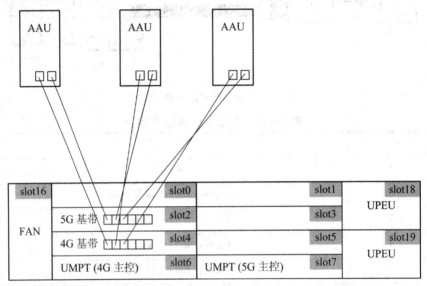

图 3-39　5G 宏站典型配置

接口使用说明：

(1) 5G 和 4G 采用独立的主控单板，都采用 UMPT 单板，配置为不同模式；都采用 10GE 接口各自连接传输设备，5G 主控单板连接 GPS，为整台设备提供时钟参考源。

(2) 5G 基带板和 4G 基带板都采用 UBBP 单板，配置为不同的制式。

(3) 5G 基带板光口说明：5G 基带板 0/1/2/3/4/5 口共提供了 6 个 25G/10G 光口，宏站场景基带板只使用 0/1/2 口，基带板和 AAU 连接使用 25G 光口，与 RHUB 连接使用 10G 光口。

(4) 5G 基带板槽位优先级顺序：slot2 > slot0。

(5) 4G 3DMIMO 基带板光口说明：4G 基带板 0/1/2/3/4/5 口共提供了 6 个 25G/10G 光口，基带板和 AAU 连接使用 25G 光口。

(6) 4G 3DMIMO 基带板槽位优先级顺序：slot4 > slot1。

(7) AAU 可以选用 AAU5613，能够同时支持 LTE/NR，AAU 的 CPRI0 口光纤连接 5G 基带板，CPRI1 口光纤连接 4G 基带板。

(8) AAU 电源线型号要求：长度小于 70 m 采用 6 mm² 电源线；长度 70～100 m 采用 10 mm² 电源线。

(9) 站点如果有独立的动环监控系统，则不需要配置 EMU，否则需要配置 EMU 单元采集站点温湿度、门禁参数和电源参数等。

【知识归纳】

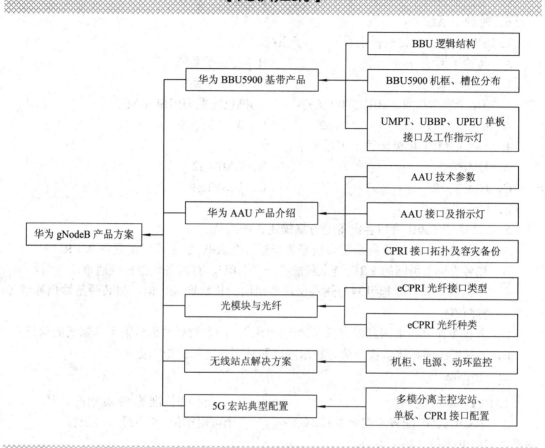

【自我测试】

一、单选题

1. BBU5900 机框高度是(　　)。

A. 19 英寸　　　　B. 2U　　　　　　C. 60 mm　　　　　D. 80 mm

2. BBU5900 配置全宽单板时，最多可配置(　　)块全宽基带处理板。

A. 1　　　　　　B. 2　　　　　　C. 3　　　　　　D. 4

3. BBU5900 配置半宽单板时，最多有(　　)个可用槽位。

A. 8　　　　　　B. 11　　　　　　C. 19　　　　　　D. 21

4. UBBP 单板最大能提供(　　)个 CPRI 接口。

A. 4　　　　　　B. 5　　　　　　C. 6　　　　　　D. 7

5. 5G NR 单模组网场景下，UMPT 单板优先布置在(　　)号槽位。

A. 4　　　　　　B. 5　　　　　　C. 6　　　　　　D. 7

二、多选题

1. BBU5900 的逻辑结构包括(   )。

A. 基带子系统　　　　　　　　　　B. 传输子系统

C. 主控子系统　　　　　　　　　　D. 监控子系统

E. 时钟子系统

2. BBU5900 主控传输板上有(   )子系统。

A. 传输子系统　　　　　　　　　　B. 互联子系统

C. 主控子系统　　　　　　　　　　D. 时钟子系统

3. 使用全宽单板时，BBU5900 支持在(   )槽位配置 UBBP 单板。

A. 0　　　　B. 1　　　　C. 2　　　　D. 3　　　　E. 4

4. (   )UMPT 单板配置了卫星子卡。

A. UMPTe2　　　　　　　　　　　B. UMPTg2

C. UMPTga2　　　　　　　　　　　D. UMPTg3

E. UMPTga3

5. 以下关于 CPRI 接口容灾备份方案描述正确的是(   )。

A. 板间冷备份环型组网需要多块基带单板，在 RRU 链上可以配置多个 RRU

B. 热备份环型组网的 RRU 链上只能有一个 RRU，有两条数据传输通道

C. 单模板间负荷分担组网与热备份环型组网的拓扑连接相似，但其两条数据通道传输两路信息

D. 多模负荷分担组网可以支持多种无线制式，两条数据通道传输不同制式的信息

E. 双星型组网相比多模负荷分担组网，两种制式之间的影响更小

三、填空题

1. BBU5900 机框宽＿＿＿＿＿、高＿＿＿＿＿，可安装在标准的 19 英寸机柜中。

2. 当 BBU5900 配置半宽单板时，有＿＿＿＿＿个可用槽位，其中最多可配置＿＿＿＿＿块半宽 UBBP 单板。

3. 当配置半宽 UBBP 单板时，槽位使用优先顺序是＿＿＿＿＿>＿＿＿＿＿>＿＿＿＿＿>＿＿＿＿＿>＿＿＿＿＿>＿＿＿＿＿。

4. 可以使用 UMPT 单板上＿＿＿＿＿接口来连接本地维护终端，进行本地调试。

5. 当 UMPT 单板处于加载软件或数据配置状态时，该单板上的 RUN 灯会＿＿＿＿＿。

四、判断题

1. 多模光模块支持多种模式，可以代替单模光模块。(   )

2. AAU 的 CPRI0 接口和 CPRI1 接口中，优先使用 CPRI0 接口。(   )

3. AAU 的 CPRI0 接口和 CPRI1 接口中，在环型组网时，CPRI0 连接链环头方向，CPRI1 接口连接链环尾方向。(   )

4. 多模光模块支持的传输速率高于单模光模块。(   )

5. QSFP 光模块的物理尺寸比 SFP 光模块的物理尺寸大。(   )

五、简答题

1. 画出华为 BBU5900 配置半宽单板时的槽位分布。

2. 简要描述 AAU 逻辑结构。

3. 给出 CPRI 接口板间冷备份环型组网示意图,并说明 RRU 操作维护链路和用户面数据传输方式。

4. 查阅资料了解校园覆盖方案中 BBU5900 单板配置及站点附属设备配置。

5. 查阅资料学习运营商高铁沿线 RRU 组网方式。

模块四 5G 基站数据配置

目标导航

➢ 掌握 NSA 组网 5G 基站参数配置流程；
➢ 掌握 5G 基站硬件连线类型和相关接口位置；
➢ 理解 5G 组网和单站配置相关规划参数；
➢ 掌握 NSA 组网 5G 站点无线数据、S1 接口、X2 接口数据配置方法；
➢ 掌握 NSA 组网下业务测试方法。

教学建议

模 块 内 容	学时分配	总学时	重点	难点
4.1 数据配置准备	2	6		√
4.2 设备安装			√	
4.3 全局及传输参数配置	1		√	
4.4 无线参数配置	2		√	√
4.5 业务测试	1			√

内容解读

本模块将依托讯方 5G 仿真平台来介绍 5G 单站配置。讯方 5G 仿真平台设备面板基于华为 DBS5900 面板开发，参数配置部分主要关注设备对接、规划参数，精简掉特性和定制化相关参数，凸显在工程开站场景下关注的参数，便于初学者上手使用。单站配置主要使用设备配置、数据配置和业务调测 3 个模块。本模块主要关注 5G 站点开通配置，对于承载网、核心网和 4G 配置部分，可以通过预定义的存档文件导入已经完成配置的存档。

本模块将从 5G 无线站点数据规划、设备配置、物理连线、全局数据配置、传输层数据配置、无线小区数据配置、邻区配置和业务测试等方面介绍 5G 单站配置流程和相关参数。

4.1　数据配置准备

4.1.1　组网及配置流程

5G 网络有多种组网模式，主要分 NSA 和 SA 两个大类，其中 NSA 组网方式可以最大化利用现有 4G 网络资源。讯方 5G 仿真平台当前只支持 NSA 组网方式，如图 4-1 所示。

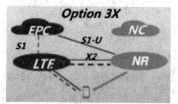

图 4-1　Option 3x 组网

NSA 和 SA 混合模式基站

5G 基本数据配置分为下面几个步骤：设备安装、全局数据配置、传输数据配置、无线参数配置、业务调试与故障排查。5G 站点配置流程如图 4-2 所示。

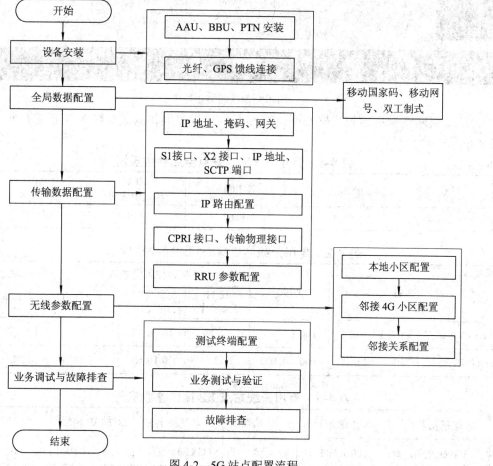

图 4-2　5G 站点配置流程

4.1.2 规划参数

在进行无线侧数据配置之前，用 5G 仿真软件完成 4G 移动网络搭建，包括 EPC 核心网设备安装、数据配置和 4G 基站的设备配置和参数配置。完成后的站点拓扑如图 4-3 所示。

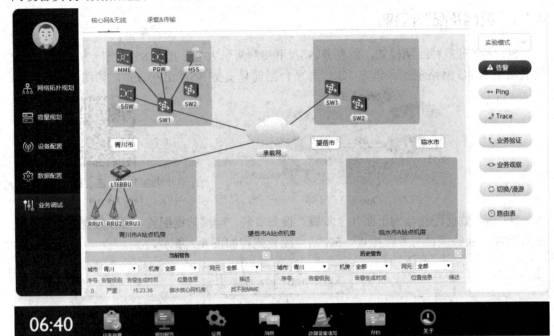

图 4-3　4G 网络拓扑

NSA 组网下全局参数、核心网对接参数、无线参数和测试终端参数分别见表 4-1～表 4-6。

表 4-1　青川 5G NR 站点全局参数规划

站点名称	gNode 标识	双工制式	MCC (移动国家码)	MNC (移动网号)
5G NR 站点	1	TDD	460	02

表 4-2　青川无线站点核心网对接参数规划

基站名称	S1 接口地址	网关	S1 接口控制面参数			S1 接口用户面
			SCTP 本端端口	SCTP 对端 IP	SCTP 对端端口	SGW IP 地址
4G LTE 站点	100.1.1.10/24	100.1.1.100	1	10.10.1.1	1	10.10.3.1
5G NR 站点	100.1.1.11/24	100.1.1.100	2	10.10.1.1	2	10.10.3.1

表 4-3　青川无线站点 X2 接口参数规划

本端基站名称	本端 IP 地址	本端端口	对端基站名称	对端 IP 地址	对端端口
5G NR 基站	100.1.1.11	10	4G LTE 基站	100.1.1.10	10

表 4-4　青川无线 5G NR 无线参数规划

站点名称	双工制式	频段指示	上/下行中心频率/MHz	系统带宽/MHz	子载波带宽/kHz	收发天线
5G NR 站点	TDD	n77	3330/3330	60	30	32T32R

表 4-5　青川无线 5G NR 小区参数规划

小区名称	Cell ID（小区标识）	基带资源（槽位/端口）	TAC（跟踪区码）	PCI（物理小区标识）	时隙配比	时隙结构	调制阶数
NR Cell1	4	0/0	1234	4	4：1	SS2	64QAM
NR Cell2	5	0/1	1234	5	4：1	SS2	64QAM
NR Cell3	6	0/2	1234	6	4：1	SS2	64QAM

表 4-6　测试终端参数规划

城市	IMSI	APN（接入点）	Ki（鉴权密钥）	鉴权方式
青川市	460100123456789	qcnet	123456789012345 67890123456789011	Milenage

4.2 设备安装

1. 设备安装

　　登录仿真软件后，点击"设备配置"，选择"青川市 A 站点机房"，切换进基站机房后，进行 NR-BBU、AAU 安装，如图 4-4 和图 4-5 所示。

NR 设备安装与连线

图 4-4　NR-BBU 和 LTE-BBU 共柜安装

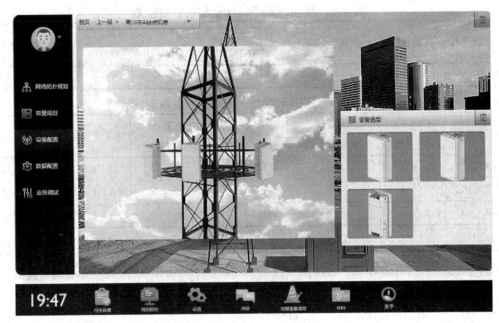

图 4-5 AAU 塔顶安装

2. 设备连线

完成 CPRI 接口、回传网光纤连接和 GPS 馈线连接。

在进行 CPRI 接口连线时，按照表 4-5 的要求，使用 0 槽位 BBP 单板的 0/1/2 端口分别和 AAU1/2/3 相连，如图 4-6 所示。

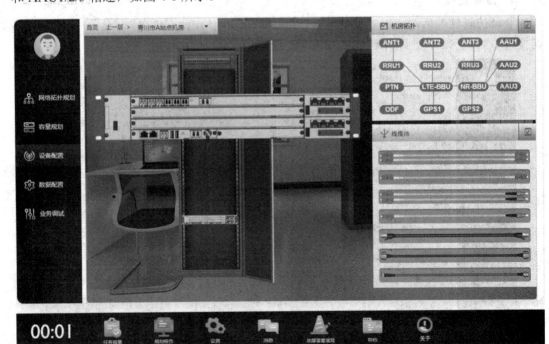

图 4-6 5G CPRI 接口、GPS 连接及对接承载网

和承载网对接时，NR-BBU 使用 10GE 光口，如图 4-7 所示。

图 4-7 使用 10G 对接承载网

4.3 全局及传输参数配置

4.3.1 NR-BBU 全局数据配置

登录仿真软件后，点击"数据配置"，选择"青川 A 站点机房_无线"，进入数据配置页面后，点击"NR-BBU"，在弹出的"网元管理"页面中按照表 4-1 规划填入全局数据，完成以后点击"确定"按钮保存数据，数据配置界面如图 4-8 所示。

NR 全局与传输参数配置

图 4-8 网元数据配置

全局配置参数介绍：

gNodeB 标识：无线网络中的 gNodeB 编号，全局唯一。

无线制式：5G 的无线制式有 NR TDD 和 NR FDD 两种。移动为 TDD 制式，联通和电信为 FDD 制式。本例配置为 TDD 基站。

移动国家码(MCC)：移动用户所属国家代号，占 3 位数字，中国的 MCC 规定为 460。

移动网号(MNC)：由两位或者三位数字组成，用于识别移动用户所归属的移动通信网。中国移动的 MNC 为 00，本实验规划数据为 02。

4.3.2 传输数据配置

1. 基站 IP 配置

基站 IP 地址是 5G gNB 与核心网通信的物理 IP 地址，该地址负责与核心网用户面、eNodeB 信令面、eNodeB 用户面进行信息交换，同时根据网络结构配置网关参数，规划数据见表 4-3 和表 4-4，参数配置界面如图 4-9 所示。

图 4-9　IP 地址配置

IP 地址配置相关参数如下：

IP 地址：5G 基站业务 IP 地址。

掩码：基站 IP 地址掩码。

网关：基站数据出局后，转发数据报文的承载网设备的 IP 地址。

2. 对接数据配置

对接数据配置主要配置基站的信令面数据和 X2 接口数据以及这些数据的路由，规划数据见表 4-3 和表 4-4。

点击"对接配置"选择"接口设置"，在"接口设置"页面中接口设置 1 中配置 S1 接口链路，如图 4-10 所示；配置完 S1 信令后，再新增加一条接口设置，接口设置 2 配置为 X2 接口链路，如图 4-11 所示。

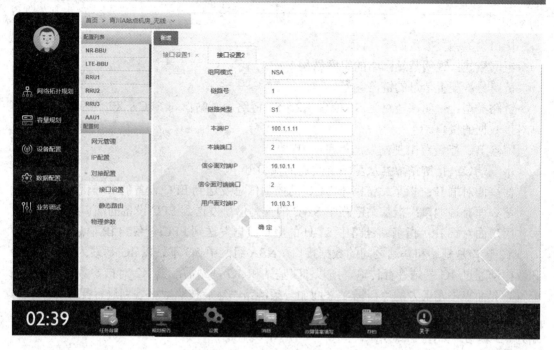

图 4-10　S1 接口参数配置

图 4-11　X2 接口参数配置

　　此处 S1 接口信令面对端 IP 可以输入任意 IP，这是仿真软件为了保持配置界面一致所设置的参数。实际 5G NR 站点在网络不会和该对端 IP 进行通信，用户也不会在 NR 站点发起注册，NR 站点的控制面数据是通过 LTE eNodeB 转发的，这是非独立组网中控制面锚点的含义。

接口设置相关参数如下：

组网模式：说明基站网络的组网结构。

链路号：配置信息的链路编号。

链路类型：说明该链路为 S1 或者 X2。S1 链路由基站指向 EPC，X2 为基站与相邻基站对接数据的接口。

本端 IP：指链路中基站发送信息的 IP 地址。

本端端口：指链路数据从基站端发送的端口号。

信令面对端 IP：指基站链路中 S1-C 的控制信息发送到 EPC 设备的 IP 信息。

信令面对端端口：指基站链路中 S1-C 的控制信息发送到 EPC 设备的端口号。

用户面对端 IP：指基站链路中 S1-U 的用户数据发送到 EPC 设备的 IP 信息。

X2 接口是基站和基站之间的数据接口。NSA 组网中 5G 基站以 4G 基站为锚点，信令和数据都通过 4G 基站进行传输，所以 5G 基站和 4G 基站需配置 X2 对接参数。在"设备配置"界面点击左上方的"新增"来增加一条链路，然后按照数据规划进行配置。

LTE 基站中也需要增加一个链路配置，链路类型配置为 X2 链路，信令面和用户面对端为 5G 基站，如图 4-12 所示。

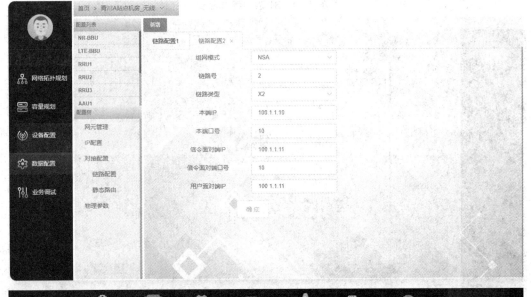

图 4-12　LTE 站点与 NR 站点 X2 接口数据配置

3. 静态路由配置

静态路由用于配置到其他网元的路由，具体配置页面如图 4-13 所示。

静态路由配置的相关参数如下：

静态路由编号：指路由在所属设备的排列编号。

目的 IP 地址：与网络掩码相搭配，指明路由指向。

网络掩码：说明网络范围，与目的 IP 地址相搭配。

下一跳 IP 地址：指数据从 LTE 基站设备出局后指向的网关地址。

目前仿真软件仅能配置一条路由，所以这里配置一条默认路由(目的地址和掩码全为 0，下一条指向对接的 PTN 设备)即可。

图 4-13　静态路由配置

4．NR-BBU 物理参数配置

按照 BBU 和 AAU 之间的光纤连接情况选择 UBBP 单板上使用的对应光口、与 PTN 设备对接的物理接口类型(当前版本仅支持传输光口)。

此处配置要和表 4-5 及 4.2 节的设备连线相对应，具体配置如图 4-14 所示。

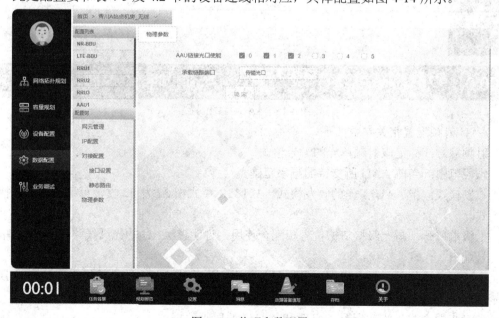

图 4-14　物理参数配置

　　AAU 可以通过 CPRI 光纤进行拉远，BBU 和 AAU 之间需要通过物理端口进行关联，所以在 BBU 上配置 AAU 的光纤链路。开通 BBU 设备基带板上的三个光口，标识 BBU 连接 AAU 的三个端口并使能相应端口。

4.4　无线参数设置

4.4.1　AAU 射频配置

　　在仿真软件的"设备配置"界面，点击"配置列表"中的 AAU1，在"射频数据"页面按照规划填入相应的射频参数。图 4-15 中配置的 AAU1 使用的是 32 发 32 收的 32×32 模式，频段范围为 3300～4200 MHz。

图 4-15　AAU 参数配置

　　AAU 射频配置相关参数如下：

　　射频编号：标记该射频单元的编号值。

　　频段范围：当前 AAU 所支持的频率范围。

　　收发模式：指 AAU 工作的收发模式，32T32R 模式指 32 发 32 收，可根据规划选择其他模式。

　　上级端口号：与上级接口槽位号相配合使用，说明该 AAU 的光纤线路接到 BBP 单板的几号端口。

　　上级端口槽位号：与上级端口号相配合使用，说明该 AAU 的光纤线路连接到的 BBP 的槽位号。

　　参考相同方式，依次配置 AAU2 和 AAU3 的射频数据。

4.4.2　5G 无线参数配置

在仿真软件的"数据配置"界面，点击"配置列表"中的"5G 无线参数"，因为前面的步骤已经配置了 NR-BBU 为"TDD"类型，故配置树下显示 TDD 小区配置。可以点击"新增"按钮来增加新的 TDD 小区，规划数据见表 4-4 和表 4-5，配置界面如图 4-16 所示。

gNB 本地小区配置

图 4-16　5G TDD 小区配置

5G TDD 小区配置相关参数如下：

小区标识 ID：小区的本地标识。

小区类型：指当前小区工作制式，包括 TDD 和 FDD 制式。

所属射频编号：指所配置的射频单元的编号，和射频单元 AAU 编号相对应。

TAC：跟踪区域码，本参数定义了小区所属的跟踪区域码，一个跟踪区域可以涵盖一个或者多个小区，此处根据规划参数进行配置。

PCI：全称为 Physical Cell Identifier，即物理小区标识，终端以此区分不同小区的无线信号。

频带：指该小区所属的频段号。

上行频率：指本小区上行发射无线信号使用的频率值，为规划参数。

下行频率：指本小区下行发射无线信号使用的频率值，为规划参数。

上下行带宽：指根据当前频谱资源为该小区提供的带宽网络取值。

发射功率：小区参考信号强度，根据小区环境、覆盖范围规划参数来协商。

时隙配比：5G 网络中，上行和下行的时隙配置比例的参数，说明参数占比。

时隙结构：指数据传输时采用的时隙结构模式。

子载波间隔：与 LTE 相比，NR 支持多种子载波间隔(在 LTE 中，只有 15 kHz 这种子载波间隔)。时隙长度因为子载波间隔不同会有所不同，一般随着子载波间隔变大，时隙长度变小。不同子载波间隔配置下，每个子帧中包含的时隙数不同。

覆盖场景：根据小区覆盖目的范围设定的小区覆盖的水平、垂直方向的覆盖模式。

调制阶数：调制是指对信号源的信息进行处理，使其变为适合于信道传输的形式，然后将其加到载波上的过程，就是使载波随信号而改变的技术。把需要传递的信息送上射频信道，提高空中接口数据业务能力。

按照规划，配置小区标识 ID 为 4，跟踪区域码为 1234，完成物理小区标识(PCI)、时隙配比、时隙结构、调制阶数等参数的配置，注意小区标识要唯一。按照相同方式完成另外两个 TDD 小区配置。

4G 站点配置 5G 小区作为邻区

4.4.3 邻居关系配置

5G 基站配置完无线参数后，需和宿主 4G 基站的相关小区完成邻居关系建立，才能实现小区的正常运行，需完成如下内容：

(1) 需要在临水 4G 基站中增加 5G 基站信息并配置邻居关系。

(2) 需要在临水 5G 基站中增加临水 4G 基站信息并配置邻接关系。

(3) 4G 和 5G 的相互邻接关系需要小区对应，即 4G 的 1 号小区对应 5G 的 1 号小区。

gNB 配置 4G 邻区

1. TDD 邻接小区配置

在 5G 无线参数中，将同站点 LTE-TDD 基站的小区信息添加到"TDD 邻接小区配置"中，如图 4-17 所示。

图 4-17　5G 增加 LTE TDD 邻接小区配置

TDD邻接小区配置相关参数如下：

邻接小区标识ID：配置相邻的LTE基站的某一个小区标识。

邻接小区所属eNBID：配置相邻小区所属的eNodeB的ID，即基站的ID。

移动国家码MCC：配置邻区归属的移动国家码。

移动网号MNC：配置邻区归属的移动网号。

跟踪区码TAC：配置邻区的Track Area Code，即跟踪区域码。

物理小区标识(PCI)：配置邻区的物理小区识别码。

频段指示：配置邻区的频段参数。

中心载频：配置邻区的中心载频值。

小区频域带宽：配置邻区的频域带宽。

上述参数均为LTE配置的1号小区的参数，需要在5G的TDD邻接小区中进行添加，以便于5G基站的小区和LTE的基站小区进行协同操作。

LTE小区也需要将5G NR小区增加为邻区，对应配置如图4-18所示。

图4-18　LTE增加5G小区作为邻接小区

2. 邻接关系表配置

在仿真软件的"数据配置"界面，点击"配置树"中的"邻接关系表配置"，在图4-19所示页面对本站小区和邻接小区建立对应关系。

本地小区配置为TDD小区4，对应的是5G的1号小区，要与LTE的1号小区，即图4-19中的"TDD邻接小区1"建立对应关系，选中标示框后点击"确定"按钮，建立邻接关系。

同样的，LTE的1号小区邻接关系配置，也需要将5G的1号小

gNB配置与4G
小区的邻接关系

区配置为邻区，如图 4-20 所示。

图 4-19　5G 邻接关系配置

图 4-20　LTE 邻接关系配置

4.5　业 务 调 试

完成 5G 基站的 NR-BBU、AAU 及无线参数配置后，所有参数及

5G NSA 组网业务验证

网络拓扑正常情况下，我们可在仿真软件的"业务调试"界面进行验证测试(业务演示存档文件可从出版社网站"资源中心"栏目下载)。图 4-21 中我们选择实验模式，以验证核心网和青川市 A 站点机房 5G 基站是否配置正常。点击"业务验证"按钮，选择 Q4 小区可以进行 5G 业务验证。

图 4-21　实验模式下业务验证

在图 4-22 中的手机配置中，按照表 4-6 规划数据设置 MCC、MNC、IMSI、APN 等参数。设置好以后，点击终端(手机)左上角"<"按钮返回主界面。

图 4-22　终端参数配置

点击手机上的 ⊘ 图标，可进行网络测试。

如果手机参数配置正常，核心网与基站数据匹配，手机将显示上传和下载的网络速度，且 4G 和 5G 网络信号指示正常，如图 4-23 所示。

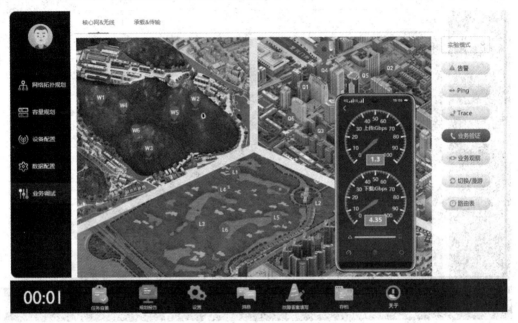

图 4-23　上下行业务测试

如果配置异常或参数错误，界面将不会有速度展示，会提示"网络连接异常"，如图 4-24 所示。

图 4-24　网络连接异常

在网络连接异常的情况下，可以通过点击"告警"和"业务观察"按钮进行故障查询，如图 4-25 和图 4-26 所示，根据告警内容和业务观察失败定位进行问题排查，对前面配置出错的参数进行更正，直至业务调试成功。

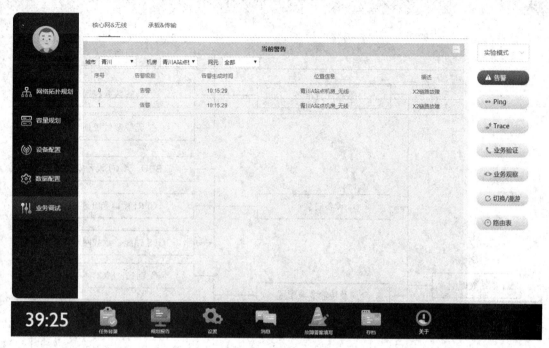

图 4-25 告警故障提示

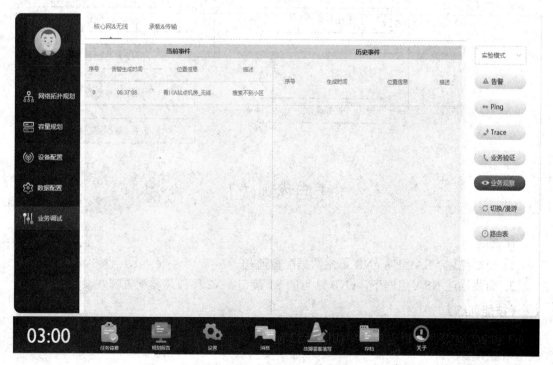

图 4-26 业务观察故障提示

【知识归纳】

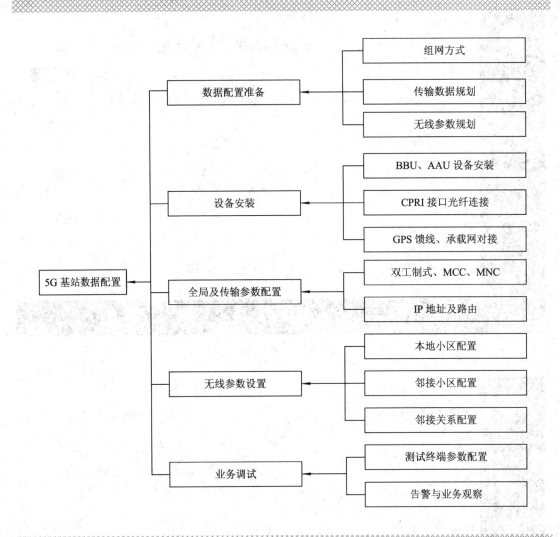

【自我测试】

简答题

1. 简要描述 NSA 组网 gNB 单站数据配置流程。

2. 简要描述 NSA 组网下, gNB 站点的 S1 接口、X2 接口需要配置哪些参数。

【技能训练】

1. 下载规划数据 1 和存档文件 1, 完成临水站点 5G 基站 S1 接口、X2 接口配置并完成单站业务测试。

2. 下载规划数据 2 和存档文件 2, 完成望岳站点 5G 基站本地小区数据和邻接关系配置，并完成单站业务测试。

3. 下载排障练习 1 存档文件，根据告警内容和业务观察结果，完成 S1 接口、X2 接口故障排查。

4. 下载排障练习 2 存档文件，根据告警内容和业务观察结果，完成无线数据故障排查。

5. 下载作业 5 规划数据和存档文件，完成青川站点 5G 基站配置。

说明：以上技能训练题中的规划数据文件和存档文件可从出版社网站"资源中心"栏目下载。

模块五　5G 站点勘测

目标导航

> 了解无线站点勘测流程;
> 掌握无线站点常用勘测工具的使用方法;
> 掌握无线站点勘测中相关数据和测量方法;
> 能够识读 CAD 图纸并进行简单编辑;
> 能够根据勘测模板要求输出相关勘测结果。

教学建议

模 块 内 容	学时分配	总学时	重点	难点
5.1　5G 站点勘测流程	2	6		
5.2　无线站点勘测细则			√	
5.3　站点勘测数据整理	2		√	
5.4　站点勘测结果输出				
实践操作	2		√	

内容解读

　　基站勘测是无线网络建设中的一个重要环节,其向前承接网络规划,向后对接站点施工和网络优化,对网络质量和性能的好坏有着举足轻重的影响。5G 主要采用同频组网,基站的站址选择及相关参数的设置直接影响着整个网络的性能指标。勘测涉及的范围很广,从机房布线到电缆走线,从主设备到电源配线架等配套设备,从数据规划到安装环境检查,从机柜安装到防雷接地等都属于需要勘测的内容。在勘测过程中必须详细记录勘测项目,为后续工程安装做好准备。

　　本模块从基站勘测工具、流程、内容、勘测资料整理等多方面进行了介绍,为无线站点工程相关从业人员提供指导和帮助。

5.1 5G 站点勘测流程

5.1.1 勘测常用的工具

基站勘测常用的仪器有 GPS(全球定位系统)、数码相机、指北针、卷尺、激光测距仪,如图 5-1 所示。

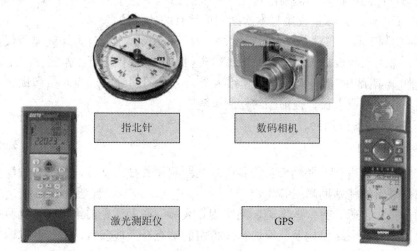

图 5-1 基站勘测常用仪器

1) GPS

GPS 主要用于测量经纬度及海拔。常用的 GPS 最多可接收到太空中 24 颗卫星中的 8～12 颗卫星的信号,为保证良好的接收效果,GPS 应水平放置于开阔地或楼顶,首次使用 GPS 时要开机等待 10 分钟以上,并且必须能接收到 3 颗及以上卫星的信号。

2) 数码相机

数码相机主要用于拍摄周围环境照片、天面照片、机房照片等。用数码相机拍摄 360° 全景照片时,拍摄位置应尽量选择在天线挂高平台上,如果无法到达,则寻找邻近的与天线挂高相仿的地点拍摄,并记录拍摄地与天线的相对位置。若由于地形条件限制,在天线安装位置拍摄的全景照片无法很好地反应周围环境的情况时,则可到远处拍摄一些补充照片,但要记录好拍摄位置。

3) 指北针

指北针用于测量机房及天线方位角,使用指北针时应保持水平,测量时应尽量对准目标方向,减少人为误差。使用指北针时应尽量避免其靠近易被磁化的金属物体,以免受磁化影响精度。

4) 卷尺

卷尺主要用于测量设备或物体的尺寸、空间距离等。使用卷尺时应注意选择好测量起止点,测量时需将尺带绷直,以保证测量数据准确。

5) 激光测距仪

激光测距仪是利用调制激光的某个参数对目标的距离进行准确测定的仪器。激光测距仪是在工作时向目标射出一束或一序列短暂的脉冲激光束，由光电元件接收目标反射的激光束，计时器测定激光束从发射到接收的时间，计算出从测距仪到目标的距离。

5.1.2 勘测前准备

勘测前准备是 5G 站点勘测前所进行的一系列准备工作，是勘测工作的重要组成部分，也是指导勘测设计的依据。勘测前准备工作主要包括以下几个方面：

(1) 熟悉工程概况，尽量收集与本次勘测项目有关的各种资料。

(2) 准备勘测工具与仪器，如 GPS、数码相机、卷尺、指北针、激光测距仪，准备好勘测绘图本、站址勘测表格、原有基站图纸等资料，并确认仪表可正常工作。

(3) 提前预约勘测的相关人员，如代维人员、分公司网络部选点人员和优化人员、土建专业人员、传输专业人员，提前预约勘测车辆。

(4) 召开勘测准备协调会。

1. 准备勘测资料

为确保勘测顺利进行，勘测人员应备齐基站勘测相关技术文件，包括合同配置清单、网络规划部门最新的基站勘测表等。

为了确保工程正确、有效地实施，网络规划人员应在勘测之前给出一份勘测指导书，内容包括此次工程的网络结构及状况、初步拟定的站点及天线参数，对一些未确定的站点应给出建议及设计要求。

勘测前需准备的具体资料和信息主要包括：工程文件、背景资料、现有网络情况、当地地图、合同配置清单、有关网络规划信息等。

2. 召开勘测准备协调会

在开始勘测前，应该集中相关人员召开必要的勘测准备协调会，主要内容包括以下几个方面：

(1) 了解当地电磁背景情况，必要时进行扫频测试。

(2) 落实勘测及配合人员，准备车辆、工具、设备等。

(3) 制定勘测计划，确定勘测路线。如果需勘测区域比较大，可划分成几组同时进行勘测。

(4) 对于共站址站点的勘测，应与运营商沟通获得已有天线系统的频段、最大发射功率、天线方位角和下倾角等工程参数(简称工参)。

(5) 如果涉及非运营商物业的楼宇或者铁塔，需要向运营商确认是否可以到达楼宇天面或者铁塔。

(6) 了解站点采用的传输方式、电源配置的初步方案等内容。

5.1.3 勘测流程

站点的勘测流程如图 5-2 所示。

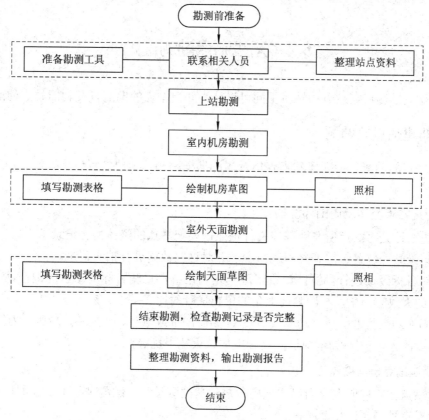

图 5-2　站点勘测流程

从图 5-2 可以看出，5G 站点的勘测大致分为 4 部分：勘测前准备、室内机房勘测、室外天面勘测和整理勘测资料。

勘测前准备见 5.1.2 小节。

室内机房勘测一般需要勘测机房主设备、走线架、电源线、空调和电池等，机房平面图的绘制是把室内勘测的数据绘制到平面草图上。

室外天面勘测是确定天线和 RRU 的安装位置，天线的高度和位置必须满足无线覆盖要求。勘测时需要明确信号覆盖方向有阻挡、覆盖区域不明确的或是有问题的站点，需与分公司优化、规划等人员确认；天面不满足无线覆盖要求的应及时上报。

整理勘测资料是勘测完成前的最后一项，把勘测站点的信息记录到勘测资料中去，并放入相应的照片。站点现场勘测资料包含以下内容：

(1) 勘测记录表。根据勘测表格认真测量数据、填写表格并做相关记录。

(2) 照片。除了勘测报告要求的照片以外，应尽可能多方位地拍摄站点或周边环境照片，并注意记录拍照顺序，方便以后查验。

(3) 现场反馈意见。若勘测时发现站点不符合建设要求，如机房空间或电源、天面建设方式不满足建设要求时，应立即向相关负责人反映情况，得出结论，通知建设单位并提出改进办法。

(4) 资料核查表。勘测完成后，在离开现场之前对照资料核查表进行检查，保证记录的完整性，查漏补缺。

5.2 无线站点勘测细则

无线站点勘测根据站点的性质不同可以分为新建站点的勘测以及利旧站点的勘测。

5.2.1 新建站点的勘测

新建站点的勘测包括新建站点整体及周围环境勘测、新建站点机房勘测、新建站点天面勘测三个环节。

1. 新建站点整体及周围环境勘测

(1) 先在远处对站点所在地整体进行拍照，要把站点的整体情况记录下来。

(2) 记录站点位置、门牌号和经纬度，并对这些数据进行拍照记录。

(3) 对目标区域进行勘测，记录附近基站的位置，目测目标基站与周围基站的距离及基站位置的大致方向角，与勘测前准备的资料进行对比。

(4) 确保站址附近应无强功率发射设备(如微波台或电台、变电站、高压电力线通道等)并具有较少的人为干扰(如电焊机、高频电炉、火花干扰等)。

2. 新建站点机房勘测

新建站点按物权所有分为租赁机房和自建基站两类，在勘测时除了要勘测机房室内部分，还要对室外平台进行勘测。

1) 租赁机房的站点勘测

(1) 机房宜尽量靠近天面，最好选在倒数第二层，这样既可缩短天馈的长度，又可避免太阳直晒机房(影响机房温度)。

(2) 对机房的四边尺寸及房高进行测量，如果房间内有洗手间或其他阻隔的因素，要详细描绘其尺寸、大小、位置，使其在草图上清晰地体现出来。

(3) 详细测量房间内门窗尺寸，其中包括门窗的大小及其距墙边、地面的距离。

(4) 与房东确认好馈线窗或出线口的位置，馈线窗的位置要利于系统走线。

(5) 现场初步确认新增设备的位置，并把其画在草图上。主设备位置应尽量靠近出线窗，电源柜的出线口位置如果在下方，则需要在电源柜旁新增一个垂直走线架。电池要压在房梁上，如果机房内没有房梁则需要靠墙摆放。

(6) 对租赁机房的外观及内部进行拍照。通过外观照片必须能很清晰地看到机房位置。对机房内部进行拍照时，必须站在某个角落对门窗及参照物进行拍照，同时对天花板及需要开馈线窗的位置进行拍照。

(7) 确认市电引入的位置、引电类型(一次引电还是二次引电)，估算引电距离，并对其进行拍照记录。

(8) 如果机房出现漏水情况，则需要做好防水措施。

(9) 明确机房所在建筑物地网情况，判断是否可用(接地电阻应小于 5 Ω)。

(10) 如果机房不符合承重要求，则需要重新选择机房。

2) 自建基站的勘测

(1) 对周围环境进行实地勘测,确认是建简易机房还是土建机房。一般简易机房建设在楼顶,而山顶或平地上采用土建机房。

(2) 根据实际场地的大小绘制机房图,注意要预留出墙的厚度。一般情况下简易机房墙厚 10 cm,土建机房墙厚 20 cm。如果基站位置在山上,机房必须要选在一个相对平整、土质坚硬、不易滑坡的地方。

(3) 分别站在机房的四个角落对机房所在位置及周围环境进行拍照,确保没有拍照死角。

(4) 确定出线窗的位置,原则是尽量减少走线的长度。

(5) 确认市电引入的位置和引电类型(一次引电还是二次引电),估算引电距离,并对其进行拍照。根据市电供电质量情况(市电性质、电压波动范围、停电频繁程度等)决定是否需要装设固定油机,如需要,确定油机和市电-油机转换开关安装位置,油机机房面积按 $20 \text{ m}^2(5 \text{ m} \times 4 \text{ m})$ 考虑。

3) 室外平台的站点勘测

室外平台主要用于安装 AAU/RRU/天线,主要勘测以下内容:

(1) 对室外平台位置要有精确定位。如果是在野外,平台建设位置需要用喷漆做记号,要有室外平台的经纬度,并对其所在位置及周围环境进行拍照;如果是在楼顶,则需要至少量出该平台到两处楼顶参照物的距离。

(2) 要画出拟建的平台大小、结构及设备摆放的草图,并对草图进行拍照记录。

(3) 确认市电引入的位置和引电类型(一次引电还是二次引电),估算引电距离,并对其进行拍照。

3. 新建站点天面勘测

(1) 记录站点经纬度,并对 GPS 数值进行拍照。

(2) 定好天线抱杆的位置,并站在楼房边缘的位置拍 360° 环境照,每 45° 照一张,共 8 张。

(3) 确定天线的方向角及下倾角,确定覆盖目标的距离。

(4) 对站点的天面进行拍照时,要求站在天面的四个角落对天面分别进行拍照,要求拍照无死角。如果天面过大,则还需要站在天面中间对天面四周进行拍照,并对需要立杆的位置进行重点拍摄。

(5) 绘制天面草图时,草图上标注的尺寸要精准,天面四周的围墙长度及其他可能存在占用天面面积的地方都需仔细测量一遍,要有详细的测量数据。草图内容必须能够详细地反映出楼宇天面的所有东西,包括楼梯间、电视天线、太阳能电池、蓄水箱、水管、烟筒、杂物间等。绘制完成后需对草图进行拍照。

(6) 如果楼面上有其他运营商的天线或设备,需要对其天线与设备的位置、挂高、走线等进行拍摄记录,并在草图上体现。

(7) 如果要建设高桅杆,必须确认天面梁柱的位置。高桅杆的位置首选在柱子的正上方,其次选择在梁的正上方,绝对不允许高桅杆压在天面地板上。同时要确认天面的位置是否够高桅杆拉线,9.12 m 的高桅杆 2 层拉线,15.18 m 的高桅杆不少于 3 层拉线,且 3

层拉线不能同时固定在一个地锚，同一方向的拉线必须分 2 个地锚拉线，高桅杆拉线应对称布置，以避免初始拉力对塔身产生扭矩或者偏心矩。布置高桅杆拉线时，平面上宜为互交 120° 的 3 个对称方向或 90° 的 4 个对称方向，拉线角度应在 70° 以内(包含 70°)。如果有 6 个天线支架，天线支架伸出塔边不宜大于 800 mm，超过 800 mm 时宜把天线支架设计成可伸缩的活动型。

(8) 在选点勘测时，如果无法到目标楼宇上实地勘测拍照，则需要做到：① 对需要覆盖的目标区域进行重点拍照记录；② 在附近楼宇顶部对需要安装抱杆或高桅杆的天面进行拍照记录，由于距离可能会比较远，为了保证照片的清晰度，在拍照时要注意调节数码相机，使得拍摄的照片清晰可见；③ 在目标楼宇附近的制高点拍摄 360° 环境照。如果是在平地上树立铁塔、高桅杆等较高的天线支架时，需要到附近与天线齐高的地方拍方向照，严禁只在平地上拍方向照。

5.2.2　利旧站点的勘测

1. 利旧站点机房勘测

利旧站点机房勘测内容相对新建站点要少一些，重点关注机房空间、电源和电池容量，具体内容如下：

(1) 勘测机房大小、设备摆放位置、走线架位置等，并与勘测前准备的资料进行对比，如有变动必须及时改正。

(2) 对机房进行全面的拍照记录：首先必须站在机房四个角落分别拍照，尽量把机房设备摆放情况全部拍摄下来；其次要对每个设备的正反两面进行整体拍摄记录；再次需要对设备内部情况进行拍摄记录，如设备机柜内 BBU 摆放情况、电源设备的端子使用情况、浮充数值、传输端子(ODF/DDF)使用情况、电池容量、机柜内空间大小等；最后需要对走线架及馈线窗、接地排的使用情况进行拍摄记录。

(3) 填写共站勘测表中机房部分的相关信息。

(4) 注意机房的大小是否满足新增设备的要求，如果是新增 BBU，注意设备柜内是否有足够的空间摆放；了解电源端子、传输端子、电池容量等是否满足新增设备的要求，如果不满足是否有足够的空间扩容。

2. 利旧站点天面勘测

(1) 对天面进行勘测并与原天面图纸对比看是否有变动，如有变动必须及时更新。

(2) 记录站点经纬度，并对 GPS 数值进行拍照。

(3) 对站点的天面进行拍照时，必须站在天面的四个角落分别拍照，要求拍照无死角。如果天面过大，则还需要站在天面中间对天面四周进行拍照，并对原有的天线抱杆或高桅杆进行重点拍摄。

(4) 填写共站勘测表格天面部分的数据，并对填写完成的表格拍照记录。

(5) 拍 360° 环境照，每 45° 拍一张。

(6) 如果该站点不使用双频天线，就需要重新选定新增天线的位置。如果原有天线抱杆或高桅杆有预留位置，则需要在勘测表格中注明，并对新选中的位置进行拍照记录。

5.3 站点勘测数据整理

5.3.1 勘测表格的记录

勘测表格应包含以下信息：

(1) 记录基站名称、勘测人员、勘测时间，记录勘测基站的地址信息(地址信息需完整，包括区县、路名、门牌号)。

(2) 记录机房的类型及机房性质。

(3) 记录基站的总层数、机房所在楼层(机房相对整体建筑的位置)。

(4) 记录走线高度及宽度。

(5) 记录馈线窗及地排已使用孔数及总孔数。

(6) 记录空调类型、数量、型号。

(7) 按照现场记录表格填写机房内设备的情况，确定设备摆放位置。若是利旧/共建共享机房，则需记录机房内已有设备的位置、尺寸、生产厂商、型号等信息。

(8) 按照"铁塔公司共址改造基站查勘表"填写现场情况信息。

5.3.2 机房及天面草图的绘制

1. 机房草图的绘制

草图需写基站名，草图的绘制需整洁、清楚，记录信息必须完整，特殊情况必须单独说明，设备开门面需画出，设备特性需标明(开关电源电压、蓄电池电压容量等)，保证他人能识别。新增设备的安装位置需与土建专业人员确认，挂墙设备的安装位置必须在实体墙上。其他应在草图上标注的内容如下：

××学院基站

(1) 需分别在草图上画出设备平面图和走线架平面图，如图 5-3 和图 5-4 所示。

(2) 核查设备平面图是否把所有设备位置都记录正确及完整，有无遗漏。

(3) 记录机房所在楼层。

(4) 核查机房内所有设备位置尺寸是否记录完整(机房整体尺寸、设备正面到墙距离等，注意壁挂设备草图是否体现完整)。

(5) 记录馈线窗及地排位置。

(6) 记录机房指北。

(7) 新增设备安装位置需在草图上体现出来并用文字说明，如利旧原有机柜、新增机柜等；特殊安装的需在草图上写明，如壁挂安装、利旧综合柜等；新增走线在图纸上需特别说明。

(8) 如果是新建机房或租用机房，草图需体现机房内新增设备预安装的位置及设备摆放位置、机房大小等。

(9) 电源改造或新增电源等需在草图上说明(如新增/更换空开或熔丝、新增开关电源蓄电池、新增电源模块等)。

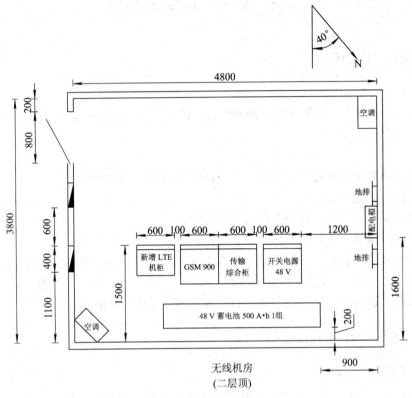

图 5-3　设备平面图

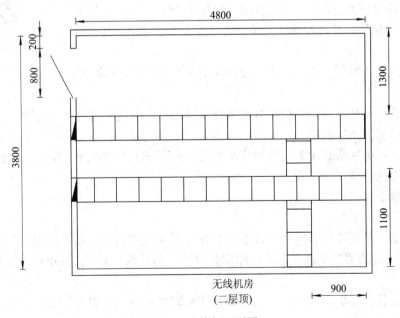

图 5-4　走线架平面图

2. 天面草图的绘制

草图需写基站名称，共享站需写基站名称及共享基站名称，标明需求方及资源方，草图的绘制需整洁、清楚，记录信息必须完整，特殊情况必须单独说明；新增天线和 RRU 的安装位置需在草图上标明。特殊情况的安装方式必须说明，让他人能清楚明白。

××桥基站

天面草图绘制的要求如下：

(1) 楼面的整体及楼面所有的物体都要在草图中画出且标明情况，草图尽量不要失真，能体现楼面情况，天面尺寸需详细准确记录。

(2) 俯视图和侧视图需分开画出，并标注出 A-A 视角，保证 2 图逻辑关系正确，如图 5-5 和图 5-6 所示。

(3) 平面图应标注清楚机房位置、天面支撑方式、高度。

(4) 记录机房所在楼层以及天线所在的楼层，并记录天线挂高。

(5) 天面尺寸应记录完整，走线架或 PVC 管路由应正确，女儿墙的位置应进行记录。

(6) 记录馈线窗的位置。

(7) 记录天面指北。

(8) 记录基站经纬度。

(9) 新增天线和 RRU 安装位置应记录清楚。

(10) GPS 天线位置应标出。

(11) 若为室外站点，需要画出室外机柜的位置及标注距离；若是新建室外站，则画出新增室外机柜安装位置及标注距离。

(12) 室外站点需明确站点位置，草图中需标明基站周围道路或地形。

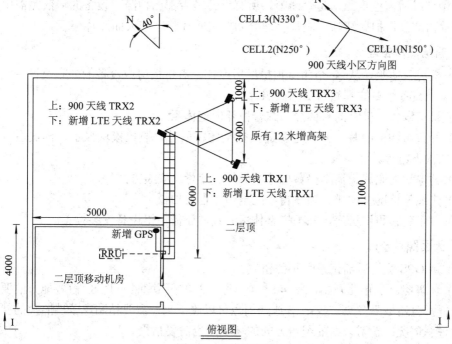

图 5-5 天线俯视图

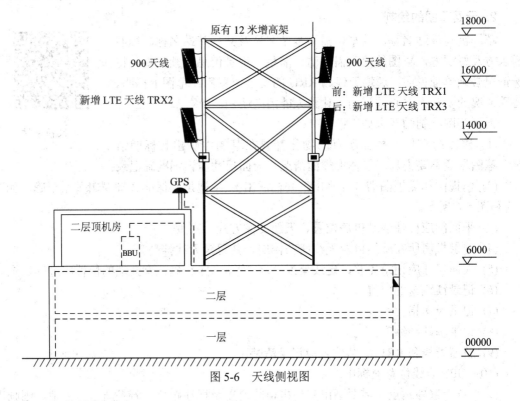

图 5-6　天线侧视图

5.3.3　照片整理

照片的整理是勘测比较关键的一环，也是绘图的依据。照片的拍摄必须清楚，不能模糊。拍摄完成后需检查照片是否清晰，所有设备是否都已拍照。设备的局部照需用微距拍摄，照片内文字需拍摄清晰。照片整理分为机房照片整理和天面照片整理。

1. 机房照片整理

(1) 机房整体照。从 4 个角落拍摄机房整体，需将机房内设备的分布及设备整体完全体现出来，设备较多的基站需多拍摄照片。

(2) 机房设备、机柜的整体照，综合柜开门整体照。

(3) 开关电源的照片。开关电源需拍摄整体、型号、监控模块显示、模块型号、一次下电、二次下电等。

(4) 蓄电池的照片。需拍摄蓄电池的品牌、容量、安装方式等。

(5) 走线架情况、地排、馈线窗、配电箱等也要拍摄。

(6) 对于新建租用机房，除拍摄整体房间外，还需拍摄设备安装位置。

2. 天面照片整理

(1) 用 GPS 测量后需记录并拍照留底。

(2) 环境照。从正北开始，每 40°拍一张，360°环境照一共 8 张(各地方的要求可能会不一样，但还是要多照一些)；有遮挡的也可以照下来，需要粘贴电子档照片的就可以按照照片说明情况；新增天线的覆盖方向的环境照也需要拍摄。

(3) 天面整体。从 4 个角落拍摄天面的整体情况，若天面较为复杂则需要更多照片。

（4）天面支撑。天线支撑整体和天线位置需要拍摄出来；新增天线和 RRU 安装位置以及新增支撑的位置也需要拍摄。

（5）走线架或 PVC 管的走向需要拍摄。

（6）若为室外站点，则需要拍摄室外机柜的相关照片；若是新建室外站，则需拍摄新增室外机柜安装位置的照片。

（7）拍一张所在楼宇的外观照。

（8）勘测信息记录完毕以后把勘测草图拍摄成照片，要求拍摄清晰。

5.4　站点勘测结果输出

5.4.1　勘测完成后续工作

（1）填写勘测汇总表。完成当天的勘测后，应立即填写当天勘测汇总表，并核实和校对勘测记录的经纬度，以免出现问题。

（2）整理勘测资料。勘测当天应及时整理勘测表格、草图、照片等资料，共享照片命名格式："GX-区域-日期-需求站名(共享站名)-姓名"，新建照片命名格式："XJ-区域-日期-需求站名-姓名"，工勘照片命名格式："GK-区域-日期-需求站名-姓名"。

（3）照片整理原则。需单独建立照片文件夹，按照一个站点一个文件夹收集整理站点勘测照片，文件夹名称为规划编号＋站名。工勘站点需按要求压缩、整理照片，命名格式为：需求站名 A1～A10，其中 A1 为站点位置图，A2 为拟建位置图，A3～10 为环照，环照从 0°开始，每 45°一张。

（4）在勘测完成以后草图若有变动需重新拍照存档。对于现场未定下来的部分，如新增设备位置、开关电源和蓄电池位置、新增开关电源模块等，需在确定后在草图上标明，然后再拍照存档。草图与勘测照片存放在一个文件夹内。

（5）工作汇报。将勘测工作情况按时向相关负责人汇报，及时总结问题并改进。

（6）资料上传。在资料整理完后，按照建设方式、勘测区域及勘测成功与否上传至铁塔云盘及公司云盘。表格等资料需及时发给负责人汇总更新。

5.4.2　基站勘测结果输出

勘测设计完成之后，需要输出详细信息。输出的信息包括两类：一类是勘测信息；一类是设计图纸。

勘测信息一般记录在专用、规范的表格中，表格基本上涵盖了基站勘测时需记录的全部信息。由于省市公司工程的要求不同，项目组可根据工程情况进行调整和简化，另外，勘测完成后的信息输出表格也需要在勘测前统一、规范，并报相关领导及部门批准。

1. 纸质勘测信息

纸质勘测信息表分两类：

（1）新建(工勘)站勘测信息记录表，主要用于新建基站及工勘选址基站的勘测，包括自建、新建、租用机房，在这些机房内无任何基站设备。

(2) 铁塔公司共址改造基站查勘表(现场备忘录)，主要用于原有基站的勘测，包括对原有基站扩容、增加基站机柜、改动天馈、新上另一套通信系统设备及原有基站内电源信息的统计等。

2. 电子勘测信息

电子勘测信息勘测汇总表分为 5 个 Sheet(工作表)。共享站点需填写共享勘测、共享建设日报、共享基站料单 3 个 Sheet，主要用于统计站点物资和共址站点现有信息，用于核对现有基站资源是否满足本期工程建设需求(如电源、天面建设等)，以及统计勘测现场确认的改造内容和供完成工程预算时使用。新建站需填写新建站勘测 Sheet，工勘选址需填写工勘选址 Sheet，用于记录所选站址现场情况及周围环境情况，确认是否符合建站条件。该表格内容需准确，必须和图纸及进度表内信息一致，需出图并在修改图纸后及时更新。

3. 设计图纸

在满足通信规范的基础上，设计图纸同样会根据省市工程要求的不同作出调整。一般单站需要出 3 份图纸：机房设备平面图、机房走线架图、天馈安装及走线路由图。出图时间一般为站点勘测成功后 3 个工作日内。

【知识归纳】

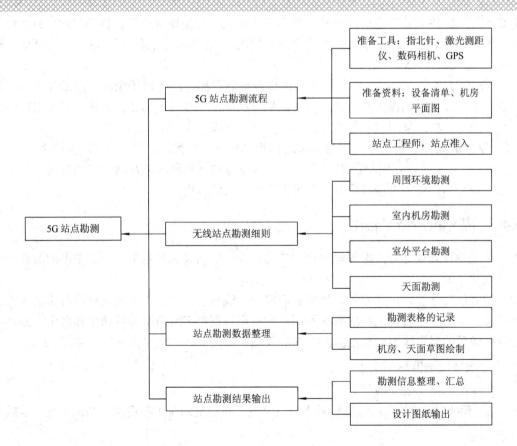

【自我测试】

一、单选题

1. 工程勘测中使用(　　)来测量铁塔高度。

A. 指北针　　　　　　B. 激光测距仪　　　　　C. GPS　　　　　D. 卷尺

2. 基站接地网对地电阻应小于(　　)。

A. 5 Ω　　　　　　　B. 10 Ω　　　　　　C. 15 Ω　　　　　　D. 1 Ω

3. 设计图纸不包括(　　)。

A. 机房设备平面图　　　　　　B. 机房走线架图

C. 天馈安装及走线路由图　　　　D. 勘测草图

二、多选题

1. 无线站点勘测中经常使用的工具有(　　)。

A. GPS　　B. 数码相机　　C. 指北针　　D. 卷尺　　E. 激光测距仪

2. 勘测前需准备的资料有(　　)。

A. 工程文件

B. 当地地图

C. 合同配置清单

D. 现有网络工程参数

3. 5G 站点的勘测包含(　　)环节。

A. 勘测前准备

B. 室内机房勘测

C. 室外天面勘测

D. 整理勘测资料

4. 室内机房勘测需要勘测(　　)。

A. 机房主设备

B. 走线架

C. 电源线

D. 空调和电池

5. 室外天面勘测需要确定(　　)。

A. AAU 的安装位置

B. AAU 的安装高度

C. AAU 的安装朝向

D. 小区覆盖方向是否有阻挡和干扰

三、判断题

1. 新建站点勘测不需要测量对地电阻。(　　)

2. 利旧站点勘测的重点是机房是否有足够的空间容纳新设备，原有电源系统容量是否

能够支持新设备。(　　)

3. 利旧站点的天面勘测要对当前设备的安装情况进行测量,如果和原有图纸不一样,注意更新图纸。(　　)

4. 勘测结果(纸质或是电子勘测信息)由工程师个人保存就可以,后期在工程安装中还需要使用。(　　)

5. 工程勘测的照片需要打包上传,照片名称没有特殊要求。(　　)

四、简答题

1. 简要描述无线站点勘测流程。

2. 简要描述室内机房勘测的勘测内容。

3. 简要描述室外天面勘测的勘测内容。

【技能训练】

1. 根据给定工程信息,对实验室无线机房进行勘测并输出工勘文件。

2. 根据给定工程信息,对实验室楼顶天面进行勘测并输出勘测结果。

模块六 5G 站点项目施工

目标导航

➤ 了解 EHS 管理的主要内容；
➤ 了解站点工程 EHS 风险点；
➤ 掌握现场开箱验货工作流程及货物问题反馈流程；
➤ 掌握 BBU 机框和光模块的安装，掌握线缆连接和标签粘贴方法与规范；
➤ 掌握 RRU 光模块安装、固定组件安装、吊装上塔、线缆连接和标签粘贴方法与规范；
➤ 了解站点督导工作职责及常用流程。

教学建议

模 块 内 容	学时分配	总学时	重点	难点
6.1 站点施工管理制度	2			√
6.2 站点施工现场工作内容	4	8	√	
6.3 站点施工现场督导工作	2		√	
6.4 站点施工问题整改				

内容解读

在无线通信基站施工过程中，要正确对待所面临的问题，然后进行细致的分析，遵循相关准则，制定出完善、合理的施工方案。施工过程中要加强工程管理力度，保证基站施工的质量，从而确保无线通信工程的顺利完成。在具体的无线站点施工过程中，涉及内容极其广泛，除了常规的安全管理与技术管理之外，还需要考虑到质量控制与成本等方面的问题。其中，网络化的结构监管对于现场人员有较高的要求，其管理流程本身也存在一定的复杂性，针对站点具体问题，需要和相关接口人及时沟通，这样才能够最大限度地突出无线通信施工管理的功能与作用，提升站点施工效率。

本模块从站点施工管理制度出发，针对无线站点施工中的具体环节进行展开，对相关的硬件安装、走线、操作规程进行简要介绍。

6.1 站点施工管理制度

6.1.1 EHS 管理

EHS(Environment，Health，Safety，健康、安全与环境)管理体系建立起一种通过系统化的预防管理机制彻底消除各种事故、环境和职业病隐患，以便最大限度地减少事故、环境污染和职业病的发生，从而改善企业安全、环境与健康业绩的管理方法。

1. EHS 管理的主要内容

EHS 管理主要有以下内容：

(1) 根据国家安全生产及环境保护的法律法规和技术要求开展日常工作。

(2) 监督、组织公司各职能部门在生产经营活动中有关安全环保方面工作的实施，使公司各职能部门从事各项生产、实验、研发及经营等活动对员工及环境所带来的影响降至最低，积极参与各项环保工程的改造项目，以保证其符合国家标准。

(3) 维护及更新公司安全、健康及环境管理的文件和规章制度，定期进行安全检查及整改处理，对员工进行安全教育、训练实施及记录管理。

(4) 进行工伤及安全事故处理，制定事故的防止和应对政策，进行劳防用品的配置、更新及使用监督。

2. EHS 高风险业务场景评估及应对措施

移动基站相关高风险业务场景评估及应对措施见表 6-1 和表 6-2。

表 6-1　EHS 高风险业务场景评估

业务场景	业务活动	主要风险群体	风险类型
所有场景	1. 乘坐交通工具上、下班。 2. 驾驶车辆上、下班。 3. 乘坐交通工具上站	所有人员	交通事故风险
IDC/ICS/站点集成 NRO(网络部署)服务	1. 乘坐交通工具上站。 2. 驾驶车辆上站施工。 3. 驾驶车辆运输货物	督导、施工人员	交通事故风险
IDC/ICS/站点集成 NRO(网络部署)服务	1. 施工人员在 2 米及以上墙面或天花板作业，包括设备安装、布线、走线架安装等。 2. 上塔安装天线，安装微波	施工人员、塔工	高处坠落风险
IDC/ICS/站点集成 NRO(网络部署)服务	1. 设备上电。 2. 电缆布放。 3. 引电，如现场照明、带电工具使用	施工人员、电工	触电风险

业务场景	业务活动	主要风险群体	风险类型
IDC/ICS/站点集成 NRO(网络部署)服务	1. 搬抬设备及其他重物。 2. 设备安装	施工人员	砸伤、割伤风险
IDC/ICS/站点集成	焊接、切割、打磨	施工人员	割伤、烧伤风险
IDC/ICS/站点集成	刷漆、喷漆等	施工人员	其他风险
勘测、路测、天馈调整	1. 乘坐交通工具进行上站勘测、天线调整、单站验证等。 2. 合作方驾车路测。 3. 军事禁区勿拍照	勘测人员、督导、塔工	交通事故风险、其他风险
勘测、天馈调整	1. 上塔调整、更换天馈。 2. 现场勘测,攀爬高处查勘	塔工、勘测人员	高处坠落风险
路测、天馈调整	1. 上站勘测,对布线复杂、线路老化裸露环境,不慎接触可能导致触电伤害。 2. 天馈调整,对线路集中区域,不慎接触可能导致触电伤害	塔工、勘测人员	触电风险
天馈调整	长时间天面近距离作业,易导致突发疾病	塔工、勘测人员	电磁辐射风险
日常、天馈调整	1. 偏远野外区域作业,易受天气、环境影响,易被动物等伤害。 2. 凌晨独自外出、回家,易遭遇抢劫	所有人员	其他风险
网络操作	凌晨进行网络维护操作后驾车回家	维护工程师、产品线工程师	交通事故风险
网络操作	凌晨进行网络维护操作后独自回家,易遭遇抢劫	维护工程师、产品线工程师	其他风险
网络操作	基站开关电源故障处理、UPS电源设备操作	维护工程师、产品线工程师	触电风险
天馈维护	上塔、登高维护天线	维护工程师、产品线工程师、塔工	高处坠落风险

表 6-2   EHS 高风险场景应对措施

风险类型	业务活动	危险源描述	控制措施(事前、事中、事后)
交通事故风险	交通运输	发生交通事故造成人员伤害、财物损失	1. 检查车况,包括检查车载 GPS、整体维护情况、轮胎磨损情况、安全带完好等。 2. 检查司机资质,包括驾照、健康情况,禁止酒后驾驶。 3. 检查是否规范驾驶,包括行驶中禁止用手持电话、系安全带、严禁疲劳驾驶(每 2 小时停车休息)、遵守交通规则等
高处坠落风险	爬塔作业	爬塔滑落	1. 入场塔工资质检查,包括是否有塔工证、从业经验不低于 1 年,塔工证扫描存档备查。 2. 禁止雷雨天气进行爬塔作业。 3. 禁止在能见度较低的场景爬塔作业。 4. 爬塔作业避开线路集中区域。 5. 须穿戴高空安全帽、防滑手套、防滑劳保鞋,确保安全带系 2 个不同点。 6. 不允许单独一人爬塔,须看护陪同
	高空作业(2 米及以上)	从高处坠楼,工具坠落砸伤人员	1. 须佩戴安全帽,电梯井道内必须系安全带。 2. 须使用工具平台登高,如梯子、脚手架等,须有人扶。 3. 须携带工具包登高,工具应放在工具包内。 4. 须设置危险区域警示牌、隔离带及看护人
触电风险	电源类操作	触电、灼伤	1. 入场电工资质检查:电工证。 2. 只有电工才可以进行电力相关操作。 3. 上电前严格检查,严禁电源超负荷,确认符合条件再上电。 4. 电力操作须穿戴绝缘手套、鞋。 5. 电源线禁止放置地面。 6. 禁止操作和本次工程无关的网元与设备
割伤、砸伤风险	重物搬运、设备安装	割伤、砸伤	佩戴机械防护手套,严格按设备安装流程操作
电磁辐射风险	天馈调整、维护	射频非安全区域作业引起身体不适、射频烧伤	1. 了解射频安全区域,避免在非安全区域作业。 2. 禁止拆开正在运行的射频电缆、连接器等,避免接触射频烧伤
其他风险	偏远野外区域作业、半夜独自离开正在施工的现场	野外天气、环境及动物造成伤害;凌晨外出遭遇抢劫	1. 野外作业前通知主管行程信息,提前获知天气和自然灾害预报,熟知当地求救资源,做好自然灾害自救演练。 2. 凌晨独自外出使用正规交通工具,尽量结伴而行。 3. 遭遇意外如抢劫时尽量配合,避免身体受到伤害。 4. 空气环境恶劣的情况,视情况佩戴口罩或者防毒面罩

3. 现场施工防护

现场施工防护的第一责任人是施工现场负责人，项目要指定施工现场负责人。施工现场负责人要对以下施工防护措施进行检查和监督：

(1) 要在出发前仔细核对好个人防护用品及工具是否齐全、是否有损坏，人员身体情况是否满足特殊作业要求，车辆是否满足运输要求等。

(2) 到达现场要及时把警戒线及警示牌布放完成，上塔作业时，应将以塔基为圆心、塔高的1.05倍为半径的范围进行围蔽，非施工人员不得进入，如果有非施工人员要及时劝离和讲解可能发生的危险。

(3) 以塔基为圆心、塔高的20%为半径的范围为施工禁区，施工时未经现场指挥人员同意并通知塔上作业人员暂停作业前，任何人不得进入。

(4) 检查周边环境，围绕现场机房走一圈确定是否有马蜂、蛇等易对人产生伤害的动物或者影响施工的树木建筑等；如遇到马蜂、蛇等易对人产生伤害的动物不要自行处理，要第一时间通知相关专业人员；如遇到影响施工的树木、建筑等，要评估风险及时做出应对措施，还要确定安全出口、逃生通道、最近医院等。

(5) 检查塔工包内工具，做好防坠保护，塔工之间要相互检查，负责人重新检查一遍；塔下人员穿戴好个人防护用具，负责人在地面扶持。

(6) 检查特殊作业证、登高证、电工证。检查作业工具，检查人字梯四角的绝缘性是否良好。使用人字梯时必须有人扶持。

(7) 施工过程中要保持作业区域清洁，防止钉子等尖锐物品造成人员受伤，安装机房设备时进行插拔电路板操作时，施工人员需佩戴防静电手环。

4. 安全事故通报

现场当事人/责任人在发生或发现EHS事故、事件、危机后，在确保自身安全的前提下，应根据事故、事件的具体情况，第一时间进行现场急救处理，包括切断现场危险源、现场急救、拨打120急救电话等，并在规定时间内完成事故上报。

(1) 在20分钟内电话通报公司EHS组长/组员/EHS安全员。通报内容：现场情况、简要事故现象、事故可能原因等。

(2) 事件发生的48小时内，办事处主任/业务部负责人需要组织相关人员一起输出事故报告，向所有相关人员(包括客户)汇报网络安全事故、事件、危机发生的经过，汇报现场处理过程和问题解决情况。

网络安全事故、事件发生一周内，质量安全管理部、EHS网络安全管理部以及办事处主任/业务部负责人将组织事故通报及学习，详细描述事件经过和问题处理过程，并分析原因，总结教训。此报告须向所有相关人员(包括客户)汇报。

办事处主任/业务部负责人得知发生事故、事件后需持续跟踪关注事件的状态，主动协调资源处理问题，主动联系客户做好事态通报、沟通、安抚工作。

6.1.2 EHS案例及分析

★ 案例1

××分公司无线产品线出现1起EHS事故，造成公司1名基站督导轻伤。该基站督导未离开工作现场便摘下安全帽,以致在搬运机柜门时头部不慎被砸伤,流血入院。

以上事故虽然暂未造成较大影响,但是在近期严格管控及再三强调安全生产的情况下生产人员仍然随意操作,在施工现场未按要求佩戴 PPE(Personal Protective Equipment,个人防护装备),造成人员伤害,引发不良影响。经内部研究,根据《EHS 安全管理处罚制度》,决定对相关人员处理如下:

EHS 事故处罚等级:四级。

××办事处安全员×××负安全管理责任,罚款 1000 元。

无线组员兼 EHS 组员×××负主要管理责任,罚款 1000 元。

无线组长兼 EHS 组长×××管理不善,负有领导责任,罚款 2000 元。

★ 案例 2

××地市××运营商安装施工,两名塔工早上 8 点半上塔,当时温度为 20℃,到中午 11 点左右温度升至 35℃,导致一塔工中暑晕倒;中暑塔工安全带穿戴正确,塔上作业固定安全绳牢固,故没有坠落;现场人员及时拨打 119、120 电话,119 消防人员使用云梯顺利把该塔工救下,现场 120 医护人员及时做降温输液处理,该塔工恢复正常。该事件原因是没有对天气温度过高进行预警,现场人员及时正确的处理方法杜绝了发生更大的事故。

★ 案例 3

某施工单位在对通信杆进行搬迁过程中,吊装绳索不堪重负突然断裂,通信杆突然掉落,砸在两辆正在等红灯的小轿车上,当场造成 2 人死亡,5 人受伤。事故的直接原因是在基站通信杆迁移施工过程中,因吊绳断裂导致通信杆倒落,砸中停在十字路口的车辆。间接原因是:① 吊车驾驶员林××吊装前对吊绳安全检查不到位,未能发现吊绳存在断裂的安全隐患;② 施工作业现场没有按规定进行围蔽;③ 吊装过程中没有指定专人在现场指挥。

★ 案例 4

西安某电信有限责任公司在浙江省绍兴市越城区,将承建某运营商 r 浙江省绍兴市分公司室分光缆接入工程分包给绍兴某通信工程有限公司,工程作业时发生触电事故,造成 1 名施工人员死亡。事故原因是施工前没有检查施工区域是否存在安全隐患,工具把手未做绝缘处理。

★ 案例 5

东北某地刚进入冬季,天气预报预报施工当日夜间会下雪。某电信工程项目施工途中会经过山区,但未引起施工方重视。现场施工完成时间是下午 4 点多,施工队伍乘坐车辆返回驻地途中突降大雪,车辆虽减速慢行,但经过下坡路段时还是发生了侧滑,导致 3 人受伤,其中后座一人由于未使用安全带,伤势较重,另外两人正确使用安全带,受伤较轻。

★ 案例 6

2004 年 4 月 23 日下午,某公司劳务工阮某(男,35 岁)接到分公司控制中心通知后,前往科技大道为远端一处没有通风设施的封闭机房进行临时发电,16:15 左右,阮某到达该网点,启动移动式汽油发电机后又到其他地方处理障碍。19 时许,阮某返回机房关闭油机,因其在未采取通风措施的情况下便直接进入机房,导致一氧化碳吸入过量,经抢救无效死亡。

★ 案例 7

某公司一辆庆铃轿车搭乘包括驾驶员在内的 5 名员工前往市公司参加培训。当行驶至一下坡转弯处时该车向右侧直拉杆球头突然断裂，致使方向失控，与迎面驶来的一辆油罐车相撞，造成庆铃轿车内的 5 人全部受伤，其中 3 人重伤，2 人轻伤。第二天凌晨，受伤较重的其中两人相继死亡。

★ 案例 8

某公司员工张某在一次安装电话作业中未系安全带，当脚踏分线箱向上攀登时不慎踏滑，致使其从 4.5 m 高的站台坠落，头部触击柏油路面，头颅右侧太阳穴严重损伤，右眼充血，口腔鼻子流血，当即被送往医院，但终因伤势过重抢救无效而死亡。

★ 案例 9

某公司线务员叶某和张某在施工段进行附挂杆路和换杆的拉线。叶某在 8 m 高的电杆上安装拉线抱箍，张某在地面做辅助，拉线长度在 20 m 左右，其一端已经安装在电杆上，剩下的拉线盘成一小圈放在公路边(未立警示牌)。这时，一辆尼桑小轿车飞速驶来，经过该弯道时，驾驶员视线受阻，观察不细，加之车速过快，且行驶路线太靠近公路右边，张某还来不及做出任何反应时钢绞线头就被绞入该车车轮。汽车拖着钢绞线冲出 30 多米将电杆拉断，并将叶某的安全带也拉断。正在电杆上安装拉线抱箍的叶某随电杆跌落，摔在公路边上，经抢修无效死亡。

★ 案例 10

某公司通信设备安装员孙某和蒋某在完成安装任务后驾车返回，由于工作强度大，驾驶员比较劳累，与停在道路中间的一辆载重卡车相撞，导致孙某颅内出血，经抢救无效死亡，蒋某受轻伤。

6.2 站点施工现场工作内容

下面以新建分布式宏站站点为例介绍站点施工现场工作，硬件配置为 1 个 BBU＋3 个 AAU＋1 个 GPS 天线场景。工程现场主要涉及开箱验货和设备安装两个环节，设备安装包含以下两个场景：

(1) BBU 安装于 19 英寸机柜(现网)中。

(2) AAU 安装于铁塔上或楼顶抱杆，线缆布放距离约 20～70 m。

6.2.1 开箱验货流程及问题处理闭环操作

1. 开箱验货流程

(1) 查看运抵站点的设备(包装箱)外观是否完好，如图 6-1 所示。

(2) 清点货物是否齐全，包含 BBU、RRU、BBU 安装件、RRU 安装件、线缆、信号线、安装辅料等。

(3) 无问题后开箱验货，按各包装箱上所附的装箱单号查点货物数量和完好度。

(4) 由监理、督导、施工队在装箱单上签字确认。

(5) 对于新发货 BBU，将 BBU ESN 报给后台网管中心。

图 6-1 货物外观照片

2. 开箱验货检查出异常的处理办法

(1) 如果出现外包装严重损坏或浸水的情况，应停止开箱，由督导拍照留证，填写货物问题反馈表，反馈给项目经理。

(2) 如果出现货物丢失，由督导拍照留证，填写货物问题反馈表，并提供相应的证据反馈给项目经理。货物问题反馈表内容见表 6-3。

表 6-3 货物问题反馈表

序号	包装箱号码	包装箱外标签图片	问题描述	问题对应的照片	备注
1			包装箱破损		
			包装箱封签和胶带不正常		
			包装箱浸水		
			包装箱内货物缺失		
2					
3					
开箱验货时在场人员(姓名 + 电话)					

6.2.2 BBU 安装工作与规范

在开始设备安装工作前，需要对机房准备情况进行确认，主要检查项目如下：

(1) 抱杆已经部署完成，走线架有空间布放电源线和光纤。

(2) 供电系统已完成安装，可以给基站提供 −48 V 直流电，要求单路 160 A 或双路 80 A，可使用单路 63 A 空开(S111 配置最低要求)，但存在扩容时电源改造风险。

(3) 接地系统已经完成安装。

(4) 传输设备已经完成安装并连通。

如果条件都具备便可以开始设备安装工作，如果还有条件不具备，需要协调运营商或站点工程师先完成前期准备。BBU 安装流程如图 6-2 所示。

```
        ┌──────────────┐
        │     开始      │
        └──────┬───────┘
               ↓
     ┌──────────────────┐
     │     固定 BBU      │
     └─────────┬────────┘
               ↓
     ┌──────────────────┐
     │  安装电源分配盒及电源线  │
     └─────────┬────────┘
               ↓
     ┌──────────────────┐
     │     安装传输线    │
     └─────────┬────────┘
               ↓
     ┌──────────────────┐
     │     安装 GPS      │
     └─────────┬────────┘
               ↓
     ┌──────────────────┐
     │   安装 GPS 防雷器  │
     └─────────┬────────┘
               ↓
        ┌──────────────┐
        │     结束      │
        └──────────────┘
```

图 6-2　BBU 安装流程

1. 固定 BBU

(1) 将走线爪、BBU5900 与安装孔位对齐，将 BBU5900 沿着滑道推入机架中，拧紧 4 颗 M6 紧固螺钉，紧固力矩为 3 N·m，如图 6-3 中①所示。

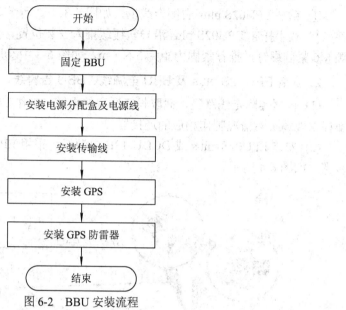
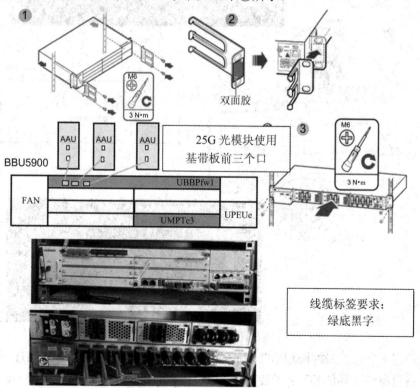

图 6-3　BBU 固定流程图

(2) 安装 EPU02S plus。采用 EPU02S plus 升压配电方案执行该步骤。

① 粘贴 EPU02S plus 右侧走线爪，如图 6-3 中②所示。

② 双手托起 EPU02S plus 沿导轨缓缓推入安装位置，然后用力矩螺丝刀紧固两侧的 4 颗 M6 紧固螺钉，推荐紧固力矩为 3 N·m，如图 6-3 中③所示。

2. 安装 EPU02S plus 及 BBU 电源线、BBU 告警线、EPU02S plus 监控信号线

(1) 根据实际走线路径，截取长度适宜的电缆，制作 EPU02S plus 侧的 OT 端子，另一端根据现场实际情况制作相应的连接器。

(2) 安装 EPU02S plus 或 DCDU-12B 电源线，采用 EPU02S plus 升压配电方案执行该步骤，如图 6-4 所示。

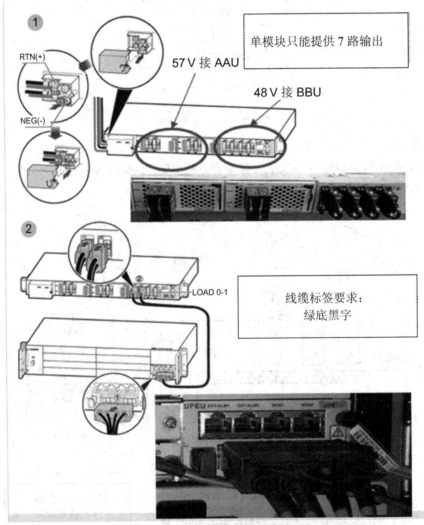

图 6-4　BBU 线缆连接示意图

① 使用十字螺丝刀拧松 EPU02S plus 接线端子座防护罩上的 1 颗 M3 螺钉，拆卸防护罩。

② 将电源线一端的 OT 端子连接到 EPU02S plus 的 "RTN(+)" 及 "NEG(−)"，使用力矩螺丝刀拧紧 M6 螺钉，紧固力矩为 4.8 N·m，，如图 6-4 中①所示。

③ 安装 EPU02S plus 上的防护罩，使用力矩螺丝刀拧紧螺钉，紧固力矩为 0.3 N・m。

④ 将线缆另一端连接到供电设备相应的接口。

(3) 安装 BBU 电源线。

① 制作 BBU 电源线一端的 HDEPC 连接器(大部分情况下，BBU 电源线一端的 HDEPC 连接器出厂前已经制作好，现场仅需要制作供电设备侧的连接器)。

② 制作 BBU 电源线在供电设备侧的 EPC4 连接器。

③ 将 BBU 电源线一端的 HDEPC 连接器连接至 BBU5900 的 UPEU 单板。

④ 将 BBU 电源线另一端连接到 EPU02S plus 上的 LOAD0、LOAD1 接口，如图 6-4 中②所示。

3. 安装传输线

(1) 将光模块安装到主控板 XGE1 接口，如图 6-5 中①所示。

① 取下 BBU 上相应单板的光口上的防尘帽。

② 取下光模块上的防尘帽。

③ 将光模块拉环折翻下来。

④ 将光模块插入光口。

⑤ 将光模块拉环折翻上去。

(2) 将 10GE 光纤连接到光模块，如图 6-5 中②所示。

(3) 将传输线另一端连接到外部传输设备。

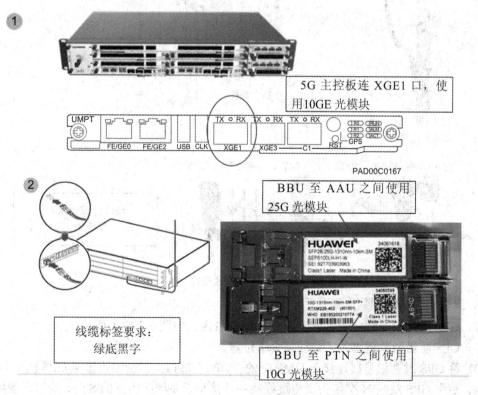

图 6-5　安装传输线

4. 安装 GPS

(1) 制作 GPS 馈线 N 型接头，参见附录 4 制作馈线接头和粘贴色环标签，如图 6-6 中①所示。

(2) 根据实际场景(墙面、水泥地面或抱杆)安装 GPS 天线支架，如图 6-6 中②所示，安装孔位如图中虚线标识所示。

(3) 安装 GPS 天线及馈线，如图 6-6 中③所示。

(4) 采用 1＋3＋3 防水处理方法密封天线与防雷器、馈线与防雷器之间的接头，如图 6-6 中④所示。

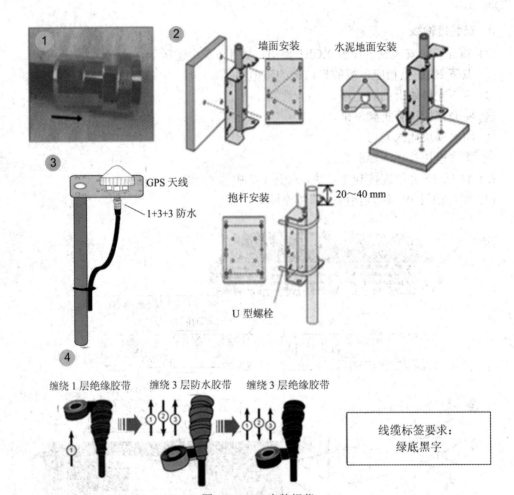

图 6-6　GPS 安装规范

5. 安装 GPS 防雷器

(1) GPS 天线应安装在避雷针下方 45° 保护带内，如图 6-7 中①所示。

(2) GPS 防雷器就近绑扎于走线架合适位置。

(3) 将 GPS 时钟信号线连接至 UMPTe 的 "GPS" 端口，另一端连接至 GPS 防雷器。

(4) 制作 GPS 跳线 N 型接头，将跳线接头连接至设备侧防雷器的 Surge 端口，使用扳手紧固。

(5) 绑扎固定 GPS 跳线至室内走线梯，粘贴标签。

(6) 给 GPS 防雷器接地，如图 6-7 中②所示。

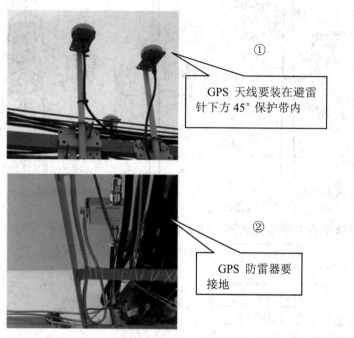

① GPS 天线要装在避雷针下方 45° 保护带内

② GPS 防雷器要接地

图 6-7　安装 GPS 防雷器

6.2.3　AAU 设备安装工作与规范

AAU 有铁塔抱杆和楼顶抱杆两种安装场景，AAU 抱杆安装结果如图 6-8(a)所示。为便于安装线缆和后续维护，对安装空间具体要求如下：AAU 水平安装间距不小于 300 mm，吊装点高于天线安装点 300 mm；其底部安装空间要求不小于 500 mm，如图 6-8(b)所示。

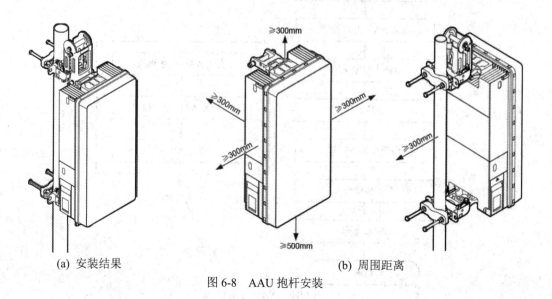

(a) 安装结果　　　　　　　　　　　　　(b) 周围距离

图 6-8　AAU 抱杆安装

AAU 可以采用主杆安装和辅杆安装，如图 6-9 所示。

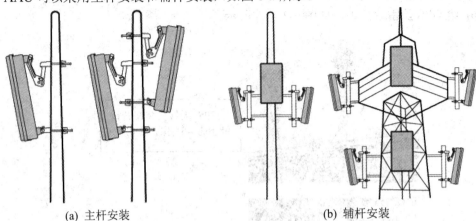

(a) 主杆安装   (b) 辅杆安装

图 6-9 AAU 主杆与辅杆安装

AAU 安装中涉及的主要步骤如图 6-10 所示。

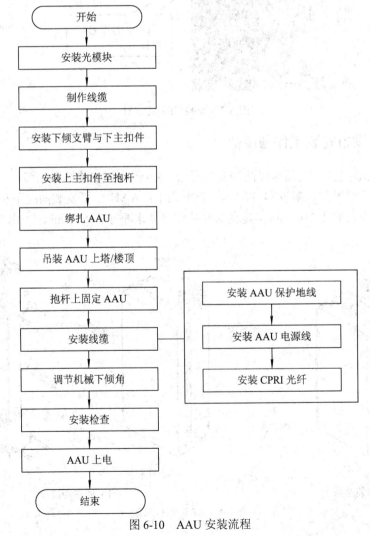

图 6-10 AAU 安装流程

1. 安装光模块

(1) 拆除 CPRI 处的防水帽。

(2) 在 AAU 的 CPRI0 和 BBU 的 CPRI 上分别插入光模块，必须保证光模块安装方向正确，同时沿水平方向将光模块轻推入插槽，直至光模块与插槽紧密接触且连接器已经完全插入，此时连接器无松动，如图 6-11 所示。

(3) 当光模块插到位置时，会有"啪"的一声。

(4) 上塔前把防水帽安装至 CPRI 处。

图 6-11　安装 AAU 光模块

2. 制作线缆

(1) 根据实际走线路径截取长度适宜的线缆。

(2) 制作保护地线。保护地线的制作涉及 4 个步骤，如图 6-12(a)～(d)所示。

(a) 根据电源电缆导体截面积的不同，将电源电缆的绝缘"C"剥去一段，露出长度为"L_1"的电源电缆导体"D"。L_1 长度为裸压接端子尾部长度 L+1 mm。

(b) 将热缩套管"A"套入电源电缆中，将 OT 端子"B"套入电源电缆剥出的导体中，并将 OT 端子紧靠电源电缆的绝缘"C"。

(c) 使用压接工具将裸压接端子尾部与电源电缆导体接触部分进行压接。

(d) 将热缩套管"A"往连接器体的方向推，并覆盖住裸压接端子与电源电缆导体的压接区，使用热风枪将热缩套管吹缩，完成裸压接端子与电源电缆的装配。

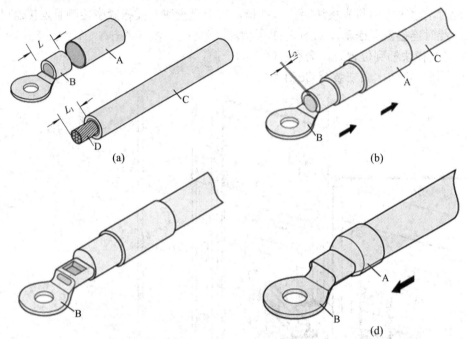

A—热缩套管；B—裸压接单孔 OT 端子；C—电源线绝缘；D—电源线导体

图 6-12   制作 OT 端子

(3) 制作 AAU 电源线。AAU 端快速安装型母端(免螺钉型)连接器的制作步骤如图 6-13(a)～(d)所示。

(a) 根据配线腔盖板内侧的电源线做线标签，确定需要进行不同操作的各段电缆长度。

(b) 根据量取的长度剥去外护套。

(c) 剥去每根芯线的外护套。每根芯线剥取外护套的长度必须与快速安装型母端(免螺钉型)连接器内的长度要求相匹配。

(d) 根据 AAU 电源线做线标签的长度，环切、剥去电源线外护套，露出完整的电源线屏蔽层。

(e) 蓝色芯线 NEG(−)接连接器的"−"端，黑色/棕色芯线 RTN(+)接连接器的"+"端，并将芯线插入端子座底部，以触发夹口自动关闭。

(f) 电缆芯线装配完成，用手轻拉每根芯线，芯线可承受 30 N 的外力不松脱，确保芯线中的所有铜丝都已插入连接器的端子座中，无零散的铜丝裸露在连接器外部；查看电源端子的透明窗口，确认电源线是否插入到位。

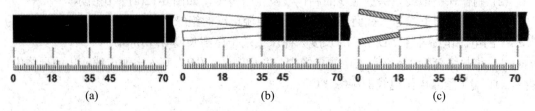

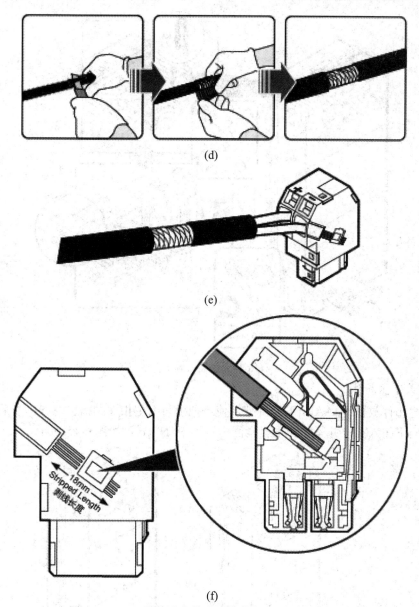

(d)

(e)

(f)

图 6-13　AAU 端快速安装型母端(免螺钉型)连接器制作

3. 安装下倾支臂与下主扣件

下倾支臂可以安装到 AAU 上把手或下把手，下面以下倾支臂安装到上把手为例说明安装过程。

1) 安装下倾支臂

(1) 拆卸 AAU 上把手外侧的 M12 螺栓，如图 6-14 中①所示。

(2) 将下倾支臂的长臂端放置在 AAU 把手上，与待安装孔位对齐，如图 6-14 中②所示。

(3) 将 M12 螺栓放入安装孔位，使用力矩扳手紧固，紧固力矩为 50 N·m，如图 6-14 中③所示。

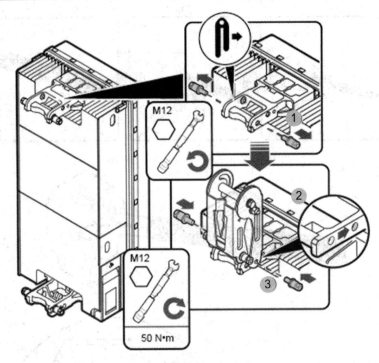

图 6-14　安装下倾支臂

2) 安装下主扣件

　　将下主扣件放置于 AAU 下把手处，使下把手与下主扣件的槽位对齐，然后将下主扣件的螺栓向下扣入孔位并紧固，推荐紧固力矩为 50 N · m，如图 6-15 所示。

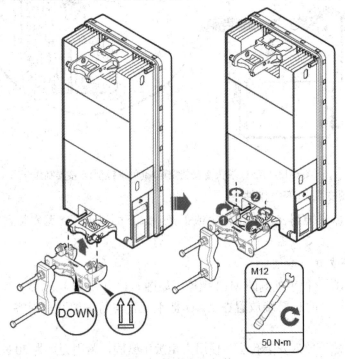

图 6-15　安装下主扣件

4. AAU 上主扣件的安装

上主扣件用于将下倾支臂连接到抱杆，需要将上主扣件先固定到抱杆上，具体如图 6-16 所示。

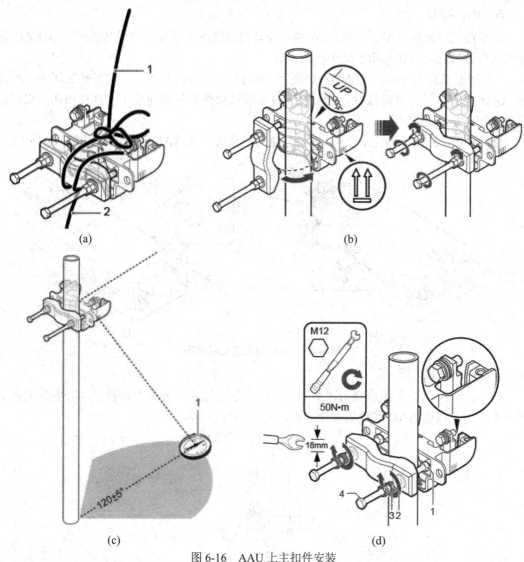

图 6-16 AAU 上主扣件安装

(1) 安装人员将定滑轮放入工具包，携带工具包和吊装绳并登高，上主扣件及辅扣件组件可以通过人工携带或者吊装的方式上塔。图 6-16(a)中采用的是吊装方式上塔，其中 1 是吊装绳，2 是牵引绳。

(2) 根据安装空间要求，标记上主扣件在抱杆上的安装位置。

(3) 根据抱杆直径手动调整两根螺栓上 M12 螺母的位置，再拧松该螺栓，移动辅扣件，将上主扣件、辅扣件从水平方向套进抱杆，将辅扣件的螺栓预紧至主扣件，如图 6-16(b) 所示。

(4) 地面安装人员站在合适位置并使用指北针确定方向角(以 120°为例)，登高人员调整方位角与实际站点需求一致，如图 6-16(c)所示。

(5) 使用 M12 力矩扳手拧紧上主扣件上的 2 颗 M12 螺栓，紧固力矩为 50 N·m，使上主扣件和辅扣件牢牢卡在杆体上，如图 6-16(d)所示。

5. 绑扎 AAU

吊装前应固定好 AAU，以防止吊装时掉落造成塔下人员受伤和设备损坏。对 AAU 进行绑扎分为吊装绳绑扎和牵引绳绑扎两步。

(1) 地面安装人员绑扎吊装绳，如图 6-17(a)所示。将抛至塔下吊装绳带扣环的一端绕过 AAU 上把手的安装转接件，请不要绕过安装转接件最外侧的横梁。打开扣环，将吊装绳放入扣环并合上扣环。

(2) 地面安装人员绑扎牵引绳。将牵引绳的一端绑扎在 AAU 下把手，如图 6-17(b)所示。

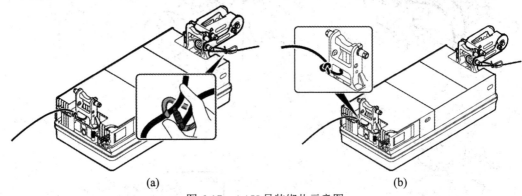

(a)   (b)

图 6-17　AAU 吊装绑扎示意图

6. AAU 吊装上塔

(1) 吊装 AAU。使用卷扬机吊装 AAU 时，安装人员 A 操作卷扬机，同时安装人员 B 控制牵引绳，以防 AAU 和铁塔发生磕碰，如图 6-18 所示。

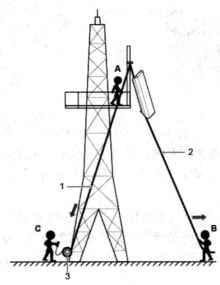

1—吊装绳；2—牵引绳；3—卷扬机

图 6-18　卷扬机吊装 AAU

(2) 固定 AAU。当吊装绳上的扣环靠近定滑轮时，登高人员用手轻轻扶正 AAU，将 AAU 上把手挂入上主扣件的卡槽中，如图 6-19 所示。

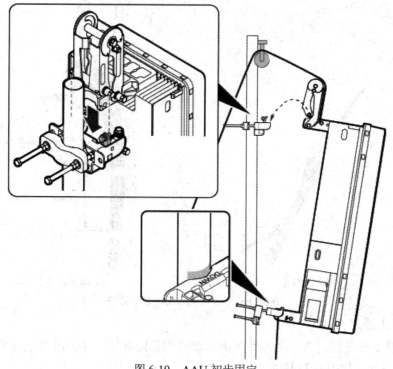

图 6-19　AAU 初步固定

(3) 吊装线缆上塔。光纤和电源线也都采用吊装的方式上塔，和 AAU 吊装操作步骤类似，如图 6-20 所示。在吊装上塔前要在上塔端做好标签，记录好和地面端的连接关系。

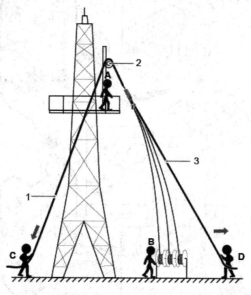

1—吊装绳；2—定滑轮；3—牵引绳

图 6-20　线缆吊装示意图

吊装线缆时吊装绳的连接如图 6-21 所示，其中吊装光纤时需要使用抗拉绳和牵引绳做好保护，如图 6-21(a)所示(1 是吊装绳，2 是抗拉绳，3 是牵引绳)。

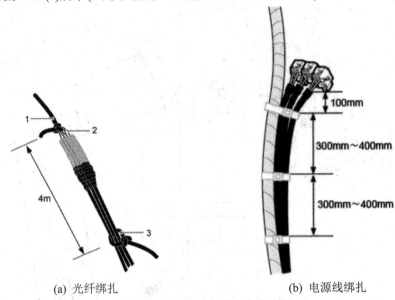

(a) 光纤绑扎   (b) 电源线绑扎

图 6-21 光纤和电源线吊装绑扎图

7. 抱杆上固定 AAU

(1) 固定下倾支臂。将上主扣件两侧顶部的螺钉向下扣，并使用力矩扳手紧固，紧固力矩为 50 N·m，如图 6-22 所示。

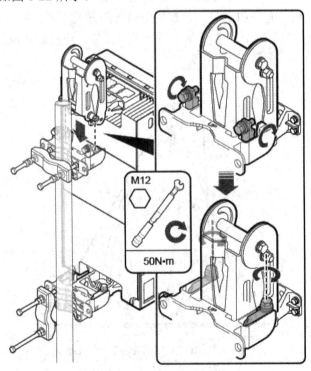

图 6-22 固定 AAU 下倾支臂

（2）固定下主扣件。将下主扣件、辅扣件卡至抱杆上，预紧辅扣件上未预紧的另 1 根螺栓，使用 M12 力矩扳手拧紧 2 根螺栓，紧固力矩为 50 N・m，如图 6-23 所示。

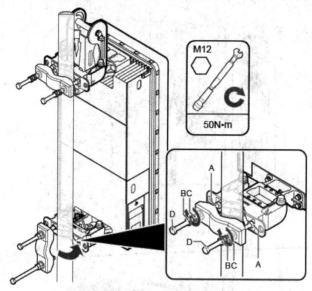

图 6-23 固定 AAU 下主扣件

8. 安装线缆

（1）安装 AAU 保护地线。将 AAU 保护地线一端 OT(M6)紧固到安装件的接地端子上，用力矩扳手紧固接地螺栓，紧固力矩为 4.8 N・m；另一端 OT(M8)连接到外部接地排，如图 6-24 所示。按规范布放线缆，并在安装的线缆上粘贴标签。

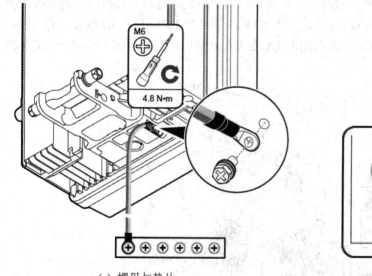
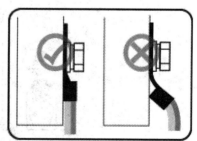

(a) 螺母与垫片   (b) OT 端子固定

图 6-24 安装 AAU 保护地线

（2）安装电源线。将电源线的室外快锁电源连接器连接到 AAU 的电源接口，如图 6-25 所示；将电源线另一端连接到供电设备(DCDU)上相应的接口。按规范布放线缆并在安装的线缆上粘贴标签。

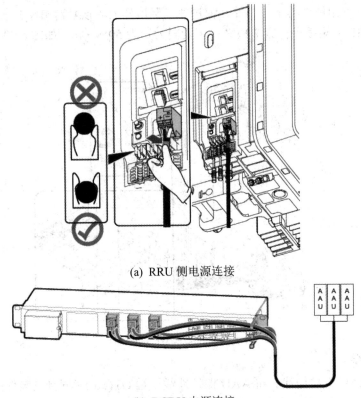

(a) RRU 侧电源连接

(b) DCDU 电源连接

图 6-25　安装 AAU 电源线

　(3) 安装 AAU CPRI 光纤。根据配置的光模块类型，光纤连接方式可以分为双纤双向和单纤双向两种。如果是双纤双向，那么 1A/1B 两个接头在 RRU 和 BBU 侧都需要连接，如图 6-26 所示; 如果是单纤双向，那么使用 1A 接头在 RRU 和 BBU 侧进行连接，如图 6-27 所示。

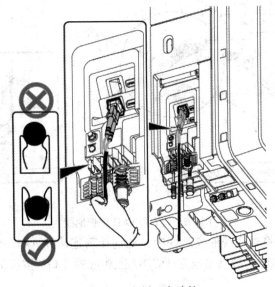

图 6-26　双纤双向连接

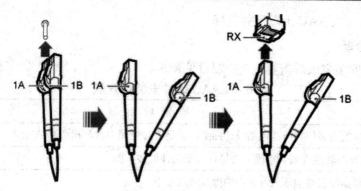

图 6-27　单纤双向连接

光纤安装完成后，RRU 上没有安装线缆的走线槽需用防水胶棒堵上。按规范布放线缆并粘贴标签。若维护腔内所有线缆已安装完毕，则需要关闭 AAU 维护腔。

9. 调节机械下倾角

通过倾角仪调节机械下倾角的操作过程如图 6-28 所示。

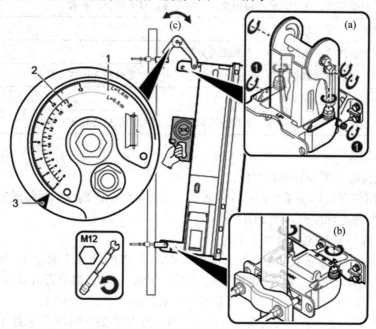

1—把手间距 L；2—下倾支臂支架刻度盘(单位：度)；3—指针

图 6-28　调节下倾角

(1) 将图 6-28(a)中标有①的螺栓拧松至 20 N·m，并将其余下倾支臂转接组件和 AAU 安装件上的 7 颗螺栓都拧松至可调角状态(请勿使螺栓脱出)。

(2) 调整下倾支臂，使刻度盘上的刻度至接近所需的调整角度，如图 6-28(c)所示。

(3) 将倾角仪放置在 AAU 上进行校对，查看是否已经调至所需角度。若未调准，请调整 AAU 的角度，直到倾角仪上显示的角度是所需角度。

(4) 角度调整完毕后，使用力矩扳手紧固步骤(1)中拧松的全部螺栓，紧固力矩为 50 N·m。

(5) 将倾角仪从 AAU 上取下并收好。

10. 安装检查

AAU 硬件安装完成后需要检查的项目见表 6-4。

表 6-4　AAU 硬件安装检查表

序号	检 查 项 目
1	设备的安装位置严格遵循设计图纸，满足安装空间要求，预留维护空间
2	AAU 与转接件安装牢固，转接件与安装件安装牢固
3	光纤集线器必须压入维护腔的橡胶防水条中
4	确保 AAU 维护腔和 AAU 外壳(如有)已按照本文档中建议的力矩锁紧
5	防水检查：维护腔未走线的导线槽中安装防水胶棒，配线腔盖板锁紧
6	电源线、保护地线一定要采用整段材料，中间不能有接头
7	制作电源线和保护地线的端子时，应压接牢固
8	所有电源线、保护地线不得短路、不得反接，且无破损、断裂
9	电源线与保护地线分开绑扎
10	建筑物的防雷接地必须与天线接地分开
11	信号线的连接器必须完好无损，连接紧固可靠；信号线无破损、断裂
12	安装件必须紧固可靠
13	标签正确、清晰、齐全，各种线缆如馈线、跳线两端标签标识正确

11. 设备上电

设备上电按照以下步骤进行操作：

(1) 用万用表电阻挡测量外部接入电源和地间的电阻值，确保无短路现象。

(2) 开启外部电源空开，给 PDU 上电。

(3) 测量 PDU 输出电压是否正常。

(4) 将 PDU 上接有负载的电源空开置于"ON"。若 PDU 上无电源空开，则跳过此步骤。

(5) 将 BBU 中 UPEU 单板上的电源空开置于"ON"，BBU 启动正常后指示灯工作状态为：RUN 指示灯 1 s 亮，1 s 灭，ALM 指示灯常灭，ACT 指示灯常亮。

(6) 给 AAU 上电，启动后正常运行时指示灯工作状态为：RUN 指示灯 1 s 亮，1 s 灭，ALM 指示灯常灭。

6.3　站点施工现场督导工作

现场督导是站点安装质量的第一责任人，现场督导工作主要包括以下几部分：

(1) 掌握项目设备安装流程及安装规范、客户机房/设备厂家安装规范。

××机房配套工程

① 首先明确客户机房施工规范。设计图纸规范要求如图 6-29 所示。

② 明确厂家设备安装规范。

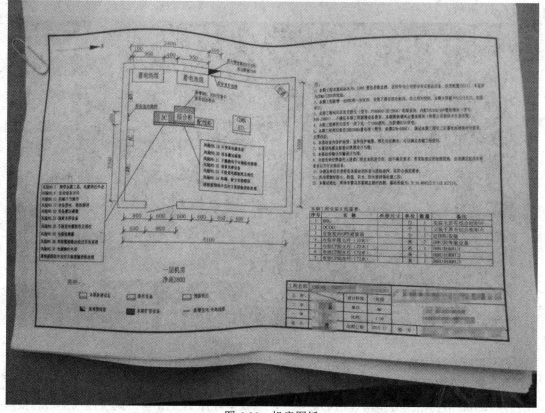

图 6-29　机房图纸

(2) 开箱验货，清点货物，及时反馈异常，并跟踪问题处理闭环情况。

① 开箱验货，首先查看运抵站点的设备(包装箱)外观是否完好，无问题后开箱验货，按各包装箱上所附的装箱单号查点货物数量和完好度，如图 6-30 所示。如有货物缺失或者损坏问题，及时知会项目组进行调配。

图 6-30　开箱验货清点货物

② 根据站点设计图纸清点货物数量，检查货物是否受损等。

③ 根据设计图纸核对替换/安装设备的位置、走线路由、端口及电源熔丝规格等信息，如图 6-31 所示。

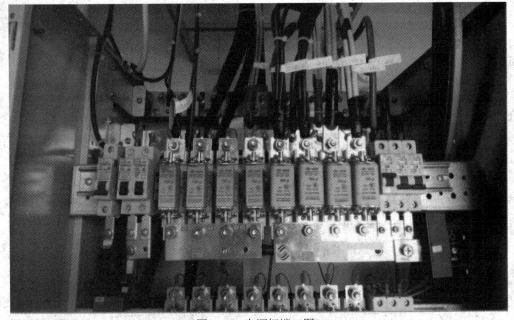

图 6-31　电源柜端口图

(3) 按照设备安装规范要求指导现场施工，落实站点自检。

① 现场设置警示标志：警戒线、警示牌(进入施工现场必须佩戴安全帽、施工现场禁止入内、当心落物、当心坠落、当心触电、注意安全等)、施工铭牌，施工现场配备急救药箱，如图 6-32 所示。

图 6-32　现场设置警示标志

② 检查现场施工队人员的证件(特殊作业证(登高证、电工证)、EHS 交付须知卡)，并留存拍照，如图 6-33 所示。

图 6-33　证件检查

③ 检查施工工具是否齐全合格，施工工具绝缘保护是否完好等，如图 6-34 所示。

图 6-34　工具检查

④ 检查施工人员 PPE 是否穿戴齐全，包括全身安全带(在坠落高度基准面 2 m 以上(含 2 m)的高处进行作业)、双钩安全绳(在坠落高度基准面 2 m 以上(含 2 m)的高处进行作业)、安全帽、防滑绝缘鞋、工具包、防滑手套、反光衣，正确穿戴 PPE(可通过拉伸确认紧固性)并拍照留存，如图 6-35 所示。

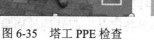

图 6-35　塔工 PPE 检查

⑤ 现场督导检查施工现场周边 EHS 风险情况(比如围绕现场机房走一圈，观察施工区周边风险)并确定安全出口、逃生通道、最近医院等。

⑥ 现场督导根据现场环境进行 EHS 风险评估分析并填写现场安全风险识别表(每日)，如表 6-5 所示。

表 6-5　现场安全风险识别表

施工站点机房名称		施工日期	
施工单位		现场安全负责人	
当日施工内容	1. 2. 3. 4. 5.		
当日 EHS 风险点 (施工安全注意事项要点)			

⑦ 检查人字梯四角的绝缘性是否良好。使用人字梯时必须有人在地面扶持，如图 6-36 所示。

图 6-36　使用人字梯时必须有人扶持

⑧ 指导硬件施工人员实施硬件安装，并负责相关配套硬件安装协调工作，确保站点后期开通。

⑨ 对设备进行机柜、插框、电源、接地、电缆导通、网线制作和布放工艺等硬件规范方面的检查，对板位、纤缆连接的正确性进行检查，确保符合设计文件、设备安装手册和公司硬件安装规范，检查率满足各产品工程软硬件质量自检要求，硬件安装工艺检查如图

6-37 所示。

(a)

(b)

(c)

(d)

图 6-37　硬件安装工艺检查

⑩ 现场施工过程中，注意劝导闯入施工区域的无关人员安全离开。

(4) 与周边进行有效沟通，负责工程实施过程中问题的解决。

(5) 现场清理及恢复。

① 施工完成后督促并保证施工队伍对设备表面进行清洁(无施工记号)，并清理柜内或底座下剪下的线扣和螺丝及其他杂物。

② 现场督导和施工人员开始整理工具，收起警戒线、警示牌等，处理施工垃圾，尽量使施工现场恢复原貌，如图 6-38 所示。

图 6-38　恢复施工前原貌

6.4　站点施工问题整改

6.4.1　施工问题处理流程

施工问题处理按照如下流程进行:

(1) 施工完成后, 督导要根据站点设备安装流程和规范检查施工工艺及施工质量。

(2) 检查出的问题现场第一时间与施工队说清楚, 及时整改(问题包含 EHS、工艺、线缆连接、防水制作等)。

(3) 如施工队不及时整改, 督导拍照取证后以书面方式反映到上一级项目经理(通过微信、QQ、邮件等), 如施工队伍人员态度不好, 现场督导避免与其产生冲突。

移动 5G-设备安装要点

(4) 项目经理接收到督导现场反馈信息后需先找对应的施工单位负责人, 督促整改。

(5) 仍未整改的, 项目经理以邮件方式将问题发送给对应客户、区域经理、产品经理、总体组项目经理、质量经理。

(6) 整改完成后, 需有问题照片和问题处理完成后的照片对比, 形成闭环。

6.4.2　施工问题案例分析

★ 案例 1:

××运营商×××站点, RRU 围护腔内未制作电源线屏蔽层接地, 且 RRU 设备未进行接地, 现场督导检查时发现, 告知施工队, 施工队及时整改, 如图 6-39 所示。

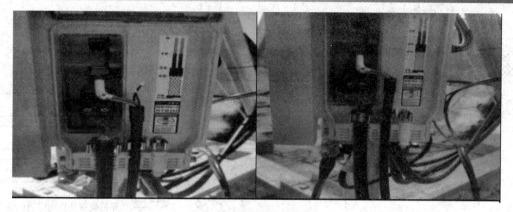

图 6-39　电源线连接检查

★ 案例 2：

××运营商×××站点，OT 端子漏铜，现场督导告知施工队，施工队拒不整改，态度恶劣，现场督导反映给项目经理，项目经理直接求助客户，由客户督促施工队整改，如图 6-40 所示。

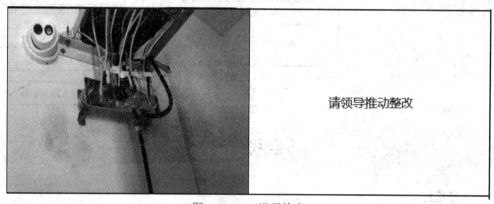

请领导推动整改

图 6-40　OT 端子检查

客户收到通知，对施工单位负责人点名批评，并要求 1 日内整改完成，为了这件事直接召集所有施工单位负责人学习培训，学习培训纪要如图 6-41 所示。

图 6-41　学习培训纪要

【知识归纳】

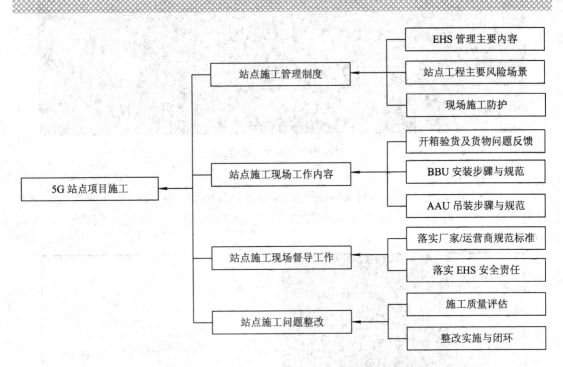

【自我测试】

一、多选题

1. 依据 EHS 高风险业务场景评估，(　　)业务场景会面临高处坠落风险。

A. IDC/ICS/站点集成 NRO(网络部署)服务

B. 勘测/天馈调整

C. 天馈维护

D. 网络操作

2. 为了防范触电风险，以下防护措施正确的是(　　)。

A. 只有电工才可以进行电力相关操作

B. 上电前严格检查，严禁电源超负荷，确认符合条件再上电

C. 电力操作应穿戴绝缘手套、鞋

D. 电源线禁止放置地面

3. (　　)措施可以有效防范电磁辐射风险。

A. 了解射频安全区域，避免在非安全区域作业

B. 禁止拆开正在运行的射频电缆、连接器，避免接触射频烧伤

C. 佩戴机械防护手套，严格按设备安装流程操作

D. 不使用防护措施，长时间天面近距离作业

二、填空题

1. 开箱验货后监理、_____ 和 _____ 在装箱单上签字确认。
2. GPS 天线安装在避雷针下方 _____ 度保护范围内。
3. BBU 至 AAU 之间使用 _____ G 光模块，BBU 至 PTN 之间使用 ____ G 光模块。
4. 开箱验货过程中出现货物破损、丢失，应该反馈给 _____。
5. 为防范高处坠落风险，须穿戴高空安全帽、防滑手套、防滑劳保鞋，确保安全带系 ____ 个不同点。

三、判断题

1. GPS 天线已经安装在避雷针保护范围内，GPS 馈线就不需要连接防雷器。(　　)
2. 使用卷扬机进行 AAU 吊装作业时，可以不用牵引绳。(　　)
3. 吊装光纤需要使用抗拉绳，吊装电源线时没有必要使用抗拉绳。(　　)
4. 在使用单纤双向连接时，AAU 和 BBU 侧分别连接光纤的 1A/1B 接头。(　　)
5. 设备上电前要用万用表电阻挡测量外部接入电源和地间的电阻值，确保无短路现象。(　　)

四、简答题

1. 简述 BBU 安装流程。
2. 简述 AAU 吊装上塔安装流程。
3. 简述工程现场督导在开箱验货过程中的工作。
4. 简述作为工程现场督导如何保证工程施工质量。

模块七　5G 基站仿真实践配置

目标导航

> ➤ 能够根据给定数据规划完成 gNB 单站硬件安装和硬件连线；
> ➤ 能够根据给定数据规划完成 gNB 单站数据配置；
> ➤ 能够根据告警、业务测试事件提示进行故障定位；
> ➤ 能够通过比对规划数据和配置数据，比对对接双方数据配置进行故障排除。

教学建议

模 块 内 容	学时分配	总学时	重点	难点
7.1　软件安装与存档文件管理	2			√
7.2　硬件安装与设备连线	2		√	
7.3　全局与传输层数据配置	2		√	
7.4　本地小区与邻区参数配置	2	14	√	
7.5　终端侧参数配置与业务调试	2			
7.6　传输层故障定位	2			√
7.7　小区故障定位	2			√

内容解读

　　gNB 基站工程涉及站点勘测、硬件安装、数据配置和业务调试等环节。通过讯方 5G 仿真软件可以很好地模拟硬件安装中的设备连接，复现站点安装场景，对于熟悉工程现场环境、快速上手站点硬件督导工作有很好的指导作用。在数据配置和业务调试环节，通过将数据配置流程分解为多个相对独立的任务，针对相对独立的任务开发规划参数和预设配置环境，每个任务单独配置，配置后即可进行测试，有利于初学者快速上手 5G 站点软件督导工作。

　　本模块从仿真软件安装、gNB 安装、线缆连接出发，针对全局与传输层数据、无线小区数据等具体数据配置环节进行展开，通过预设的传输层和无线小区故障实现从数据配置到故障排查的全面练习。

7.1　软件安装与存档文件管理

一、实验目的

(1) 掌握讯方 5G 仿真软件的安装与登录方法；
(2) 掌握讯方 5G 仿真软件存档文件管理方法；
(3) 掌握讯方 5G 仿真软件各功能模块主要功能。

二、实验条件

讯方 5G 仿真软件、计算机。

三、基本原理

5G 无线网络组网方式及部署方案参见 1.4.2 和 1.4.3 小节，仿真软件采用 Option 3 组网，5G CU/DU 采用分布式部署方案，如图 7-1 所示。

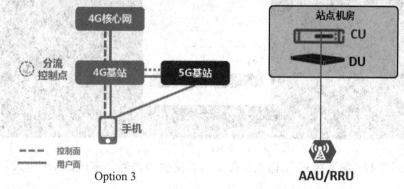

图 7-1　仿真软件 5G 无线设备部署方案

四、实验内容

(1) 完成讯方 5G 仿真软件安装。
(2) 导入配置完成的存档文件。
(3) 掌握仿真软件各功能模块的作用。

五、实验操作步骤

1. 软件安装

讯方 5G 仿真软件可以安装在普通 PC 环境，要求 Windows 7 或 Windows 10 操作系统（64 位），硬件具备 I5 级别 CPU、8G 内存可以得到较好的使用体验。使用时必须接入互联网环境用于认证鉴权。

双击 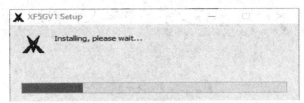 安装软件图标开始安装，安装过程中会弹出安装进度提示，如图 7-2 所示。

图 7-2　讯方 5G 仿真软件安装

安装结束以后会自动打开登录窗口。

2. 软件登录

安装完程序后，在系统桌面生成程序的可执行文件图标 ，双击图标可进入登录页面，如图 7-3 所示。

图 7-3　讯方 5G 仿真软件登录页面

在登录时选择"测评模式"，输入软件所有者提供的账号和密码，即可进入软件主界面，如图 7-4 所示。

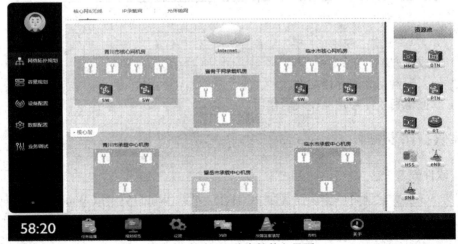

图 7-4　讯方 5G 仿真软件主界面

点击主界面右上角的 × 按钮，在弹出的对话框中点击"确定"按钮，便可关闭软件，如图 7-5 所示。

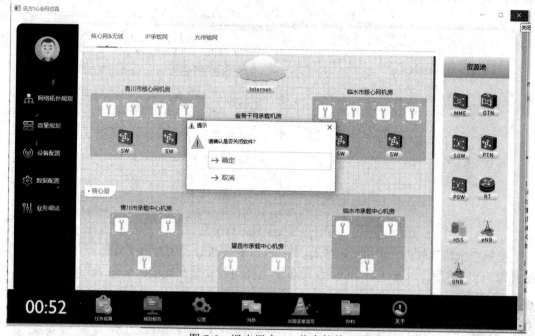

图 7-5　退出讯方 5G 仿真软件

3. 存档文件替换

将给定存档文件名称的中文部分删除，如图 7-6(a)所示。在弹出的对话框中点击"是"按钮，如图 7-6(b)所示。

(a) 修改存档文件名称

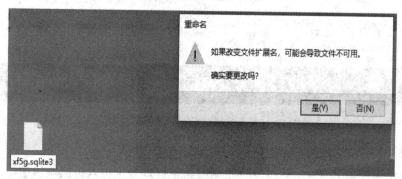

(b) 确认窗口

图 7-6　修改存档文件名

将重命名后的存档文件拷贝到仿真软件的数据目录，覆盖原存档文件，在弹出的覆盖提示中点击"替换目标中的文件"，如图 7-7 所示。

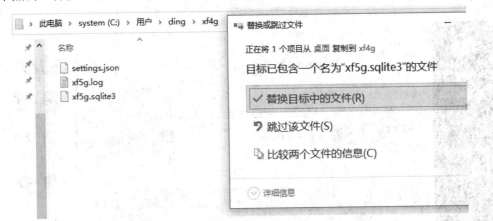

图 7-7 替换目标中的文件

重新登录仿真软件，点击"业务调试"，可以看到新导入的存档文件已经完成核心网的配置和 4G 网络配置，青川站点的 5G 设备也已经完成安装和连接，如图 7-8 所示。

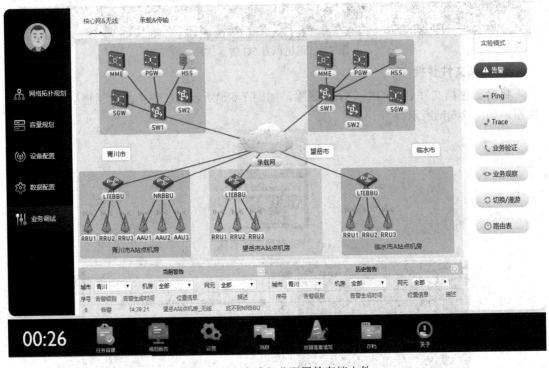

图 7-8 导入完成部分配置的存档文件

4. 软件功能模块介绍

软件分为五大操作模块，通过软件左侧的菜单可以分别进入各模块当中，分别是"网络拓扑规划""容量规划""设备配置""数据配置""业务调试"。其中"网络拓扑规划"模块用于规划网络拓扑和关键参数；"容量规划"模块根据各类参数模板进行网络相关容量的计算；"设备配置"模块根据网络规划进行机房的选址、设备的选型、设备的安装连线；"数据配置"模块对安装的设备进行数据参数的具体设置；"业务调试"模块对之前模块操作内容的正确性、合理性和准确性进行测试检验。

5. 业务调试

使用刚导入的完整的实验配置数据进行业务调试，业务调试页面如图 7-8 所示。

1) 模式选择

点击"业务调试"页面右上角的 实验模式 ，可以进行业务模式选择。

可以选择"实验模式"或"全网模式"，"实验模式"只进行无线、核心网业务测试，不检查承载网；"全网模式"对无线、核心、传输网络的配置都进行测试。此处选择"实验模式"。

2) 网络选择

点击"业务调试"页面左上方的 核心网&无线 承载&传输 ，可以选择"核心网&无线"或是"承载&传输"，图 7-8 中给出的是"核心网&无线"的测试页面，图 7-9 给出的是"承载&传输"的测试页面，具体测试项目有所不同。此处选择"核心网&无线"。

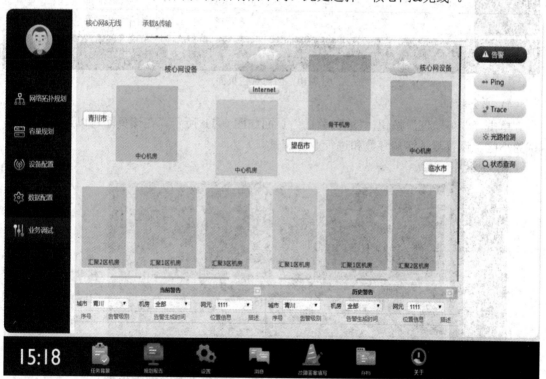

图 7-9 "承载&传输"测试页面

3) 告警查看

点击告警页面中当前警告菜单栏窗口最大化图标 ，将显示当前活动警告，如图 7-10 所示。

告警信息会给出问题点提示，在业务调试前，要先将相关告警处理完，否则业务验证可能失败。

"Ping"和"Trace"命令在"全网模式"下可以对承载网配置进行检查，在"实验模式"下不需要。

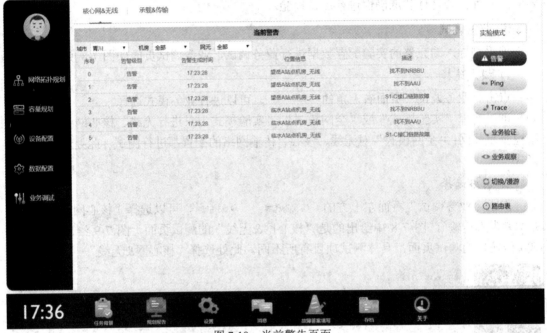

图 7-10　当前警告页面

4) 业务验证

单击"业务验证"按钮，"业务验证"页面如图 7-11 所示。在该页面可以选择需要测试的小区、设置测试终端参数和进行业务调试。

图 7-11　"业务验证"页面

在站点地图上直接左键点击相应小区，便可以对该小区进行业务验证，选中以后小区上会出现相应的图标，此处选择 Q4 小区。

测试终端主界面如图 7-12(a)所示。点击测试终端主界面上的 🔵 按钮,可以进行测试参数设置,测试参数设置界面如图 7-12(b)所示。在相应城市进行业务调试时,需要首先输入相应参数,该参数可以自动保存。

设置完成以后,点击测试参数设置界面左上角的 ﹤ 图标,返回测试终端主界面。

点击测试终端主界面的 🔘 进行业务调试,调试结果为上传、下载速率,同时终端左

上角的 4G/5G 网络连接图标 4G.₁₁₁5G.₁₁ 状态指示也都处于连接状态,如图 7-12(c)所示。

(a)

(b)

(c)

图 7-12　测试终端界面

六、实验小结

_____

_____

_____

_____

_____

7.2　硬件安装与设备连线

一、实验目的

(1) 掌握讯方 5G 仿真软件 BBU、AAU 硬件安装;

(2) 认知 BBU、RRU 设备面板和对外接口;

(3) 掌握 CPRI 接口拓扑连接方式;

(4) 掌握 S1 接口光纤连接方式;

(5) 掌握 GPS 跳线连接。

二、实验条件

讯方 5G 仿真软件、计算机

三、基本原理

5G gNB 采用 CU/DU 合一场景,需要连接的有 S1/X2 接口、CPRI 光纤和 GPS 天线,具体如图 7-13 所示。

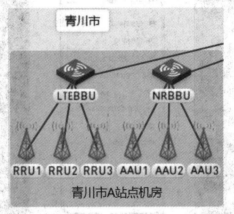

图 7-13　NSA 组网站点拓扑

四、实验内容

(1) 完成 BBU 设备、AAU 设备的安装。

(2) 按照规划的 CPRI 接口拓扑完成光纤连接,见表 7-1。

表 7-1　CPRI 接口规划

站点名称	制式	Cell ID/小区标识	基带资源(槽位/端口)
青川无线 A 站点 5G NR	TDD	4	0/0
	TDD	5	0/1
	TDD	6	0/2

(3) 完成 GPS 馈线连接。

(4) 完成 S1/X2 接口光纤连接。

五、实验操作步骤

1. 导入指定存档

按照 7.1 节介绍的存档导入步骤,导入"xf5g.sqlite3 全网 4G"存档(本模块所提及存档文件均可从出版社网站"资源中心"栏目下载),打开讯方 5G 仿真软件,点击"业务调试",

确认 4G 设备安装已完成，如图 7-14 所示。

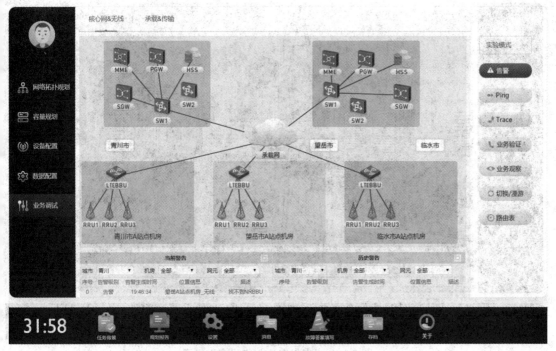

图 7-14　4G 设备配置存档

2. 安装 RRU 设备

点击"设备配置"，在"设备配置"主界面中点击"青川市 A 站点机房"，如图 7-15 所示。

图 7-15　"设备配置"主界面

在打开的"青川市 A 站点机房"界面中，点击塔上第二层平台，如图 7-16 所示。

图 7-16 "青川市 A 站点机房"界面

点击右侧第二个 ，弹出设备池，显示当前可用设备、线缆。对应当前塔上第二层安装平台，只有 AAU 设备可以安装，如图 7-17 所示。

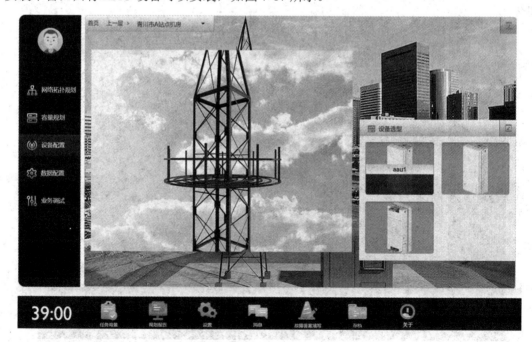

图 7-17 青川市 A 站点塔上第二层平台

　　按住鼠标左键拖动 AAU 设备到塔上安装位置(拖动 AAU 时，安装位置会高亮显示)，如图 7-18 所示。

图 7-18　拖动 AAU

松开鼠标左键后，AAU 设备会安装到位，如图 7-19 所示。

图 7-19　AAU 安装完成

按照相同方法，完成 AAU2 和 AAU3 的安装。

点击左上角 上一层 图标，返回"青川市 A 站点机房"主界面。

3. 安装 BBU 设备

鼠标移动到下方机房门上，门会高亮显示，点击进入机房内部，如图 7-20 和图 7-21 所示。

图 7-20　设备机房

图 7-21　设备机房内部

点击中间的机柜，将设备池中的 NR-BBU 设备拖动到打开的机柜中，如图 7-22 所示。

图 7-22 NR-BBU 与 LTE-BBU 共柜安装

4. 连接 CPRI 光纤

点击刚安装的 NR-BBU 设备，会弹出 NR-BBU 设备的面板，鼠标移动到可以连接的端口，端口会高亮显示，如图 7-23 所示。

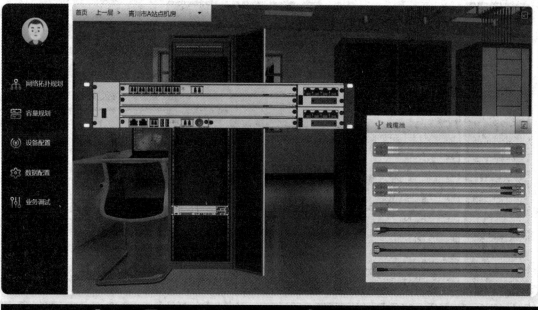

图 7-23 NR-BBU 可连接端口

点击右上方 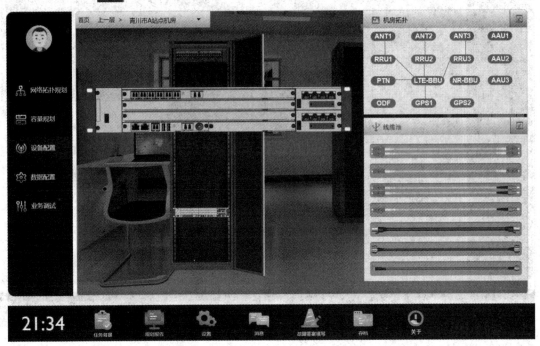 按钮，显示当前机房已经完成安装的设备，如图 7-24 所示。

图 7-24　机房拓扑

点击 LC 双纤，鼠标箭头会显示光纤连接头标志，将鼠标移动到 NR-BBU 设备面板上，可连接的端口会高亮显示，如图 7-25 所示。

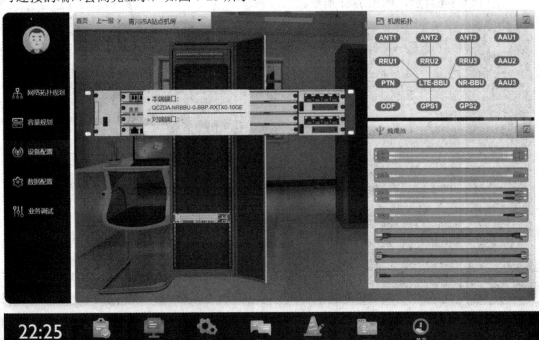

图 7-25　NR-BBU 可连接光纤端口

按照规划，将 AAU1 连接到 0 槽位 BBP 单板的 0 号端口，点击该端口，完成 BBP 单板的连接，如图 7-26 所示。

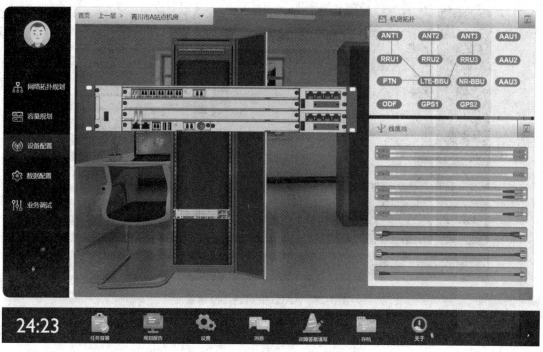

图 7-26 NR-BBU 连接 CPRI 光纤

鼠标左键点击机房拓扑中的 AAU1，弹出 AAU1 设备面板，如图 7-27 所示。

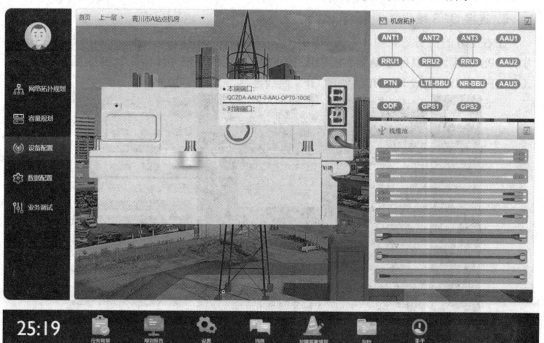

图 7-27 AAU1 设备面板

将鼠标移动到 AAU1 接口 0(图 7-28 中圈出的接口)，左键点击该接口，完成 AAU1 侧接口连接。

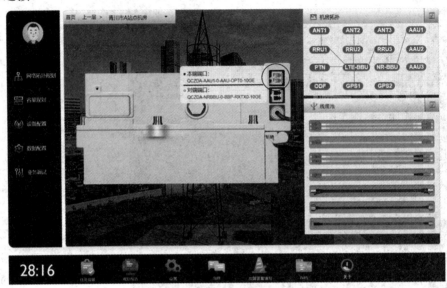

图 7-28 AAU1 光纤连接及标签

在右上方的机房拓扑中也可以看到 NR-BBU 和 AAU1 的连接已经完成，将鼠标放在 AAU1 光口 0 上可以看到本端和对端的端口标签。

按照相同方法完成 BBP 单板 1 号端口和 AAU2、2 号端口和 AAU3 的光纤连接，AAU2、AAU3 均使用 0 号端口。

5. 连接 GPS 馈线

在右上方的机房拓扑中，点击 NR-BBU，弹出 NR-BBU 设备面板，点击线缆池中最下方的 GPS 馈线，将鼠标移动到 NR-BBU 的 MPT 单板的 GPS 接口(图 7-29 中圈出的接口)，点击 GPS 接口，完成 NR-BBU 侧的 GPS 馈线连接，如图 7-30 所示。

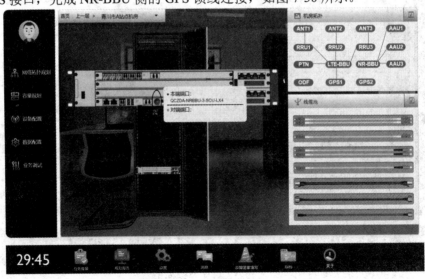

图 7-29 NR-BBU 连接 GPS 馈线

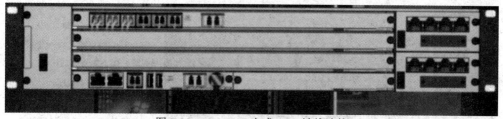

图 7-30　NR-BBU 完成 GPS 馈线连接

点击机房拓扑 GPS2，在弹出的 GPS 设备图中点击 GPS2 接口，完成 GPS 侧馈线连接，完成连接后的 GPS2 如图 7-31 所示。

图 7-31　GPS 天线连接 GPS 馈线

6. 连接 S1/X2 接口光纤

在右上方的机房拓扑中点击 NR-BBU，弹出 NR-BBU 设备面板，点击线缆池中 LC 双纤，选择 MPT 单板的 RXTX2 接口(图 7-32 中圈出的接口，该接口为 10GE 接口)。

图 7-32　NR-BBU 连接到承载网的光纤

点击机房拓扑 PTN 设备，将光纤另一端连接到 PTN 的 5 槽位 0 号端口(图 7-33 中圈出的接口，PTN 侧也要选择 10GE 速率接口)。

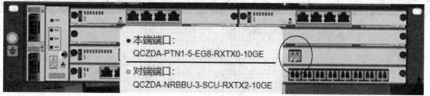

图 7-33　PTN 连接到 NR-BBU 的光纤

连接完成的机房拓扑如图 7-34 所示。

点击"业务调试"，在"业务调试"主界面的拓扑中，可以看到 NR-BBU 呈红色(图 7-35 中箭头标示处)，需要等完成相关数据后，红色才会消失。

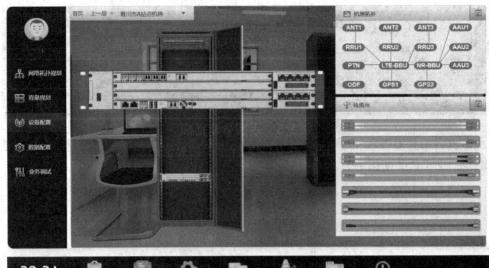

图 7-34　完成连接后的 NR-BBU 设备面板

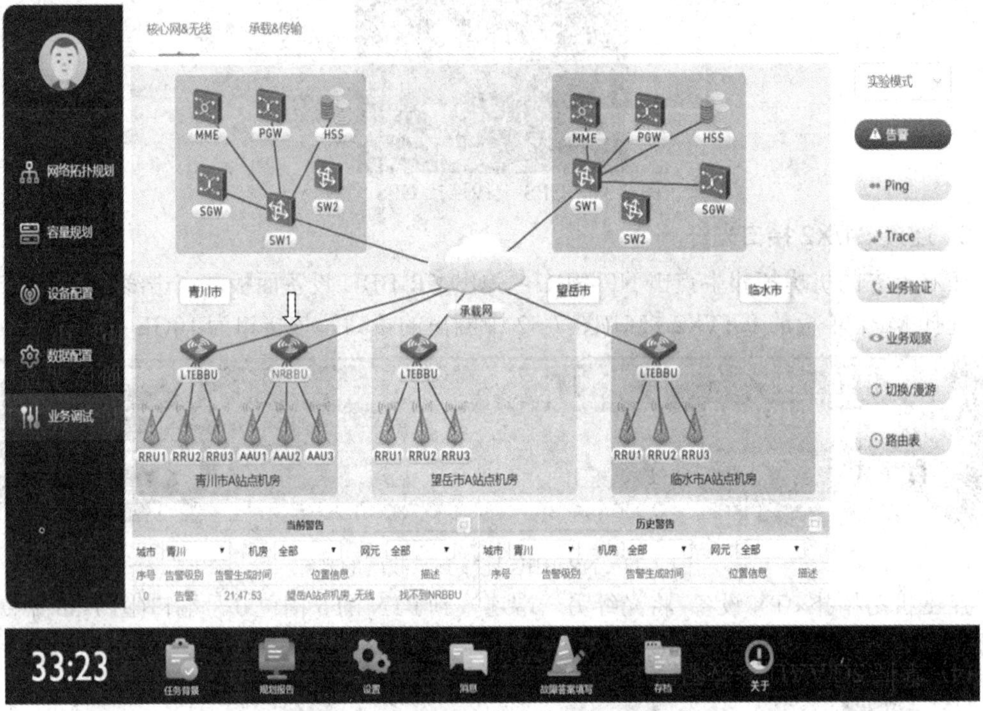

图 7-35　完成硬件安装的业务调试拓扑

六、实验小结

7.3　全局与传输层数据配置

一、实验目的

(1) 掌握 5G gNB 全局数据配置；
(2) 掌握 5G NSA 组网传输层数据配置；
(3) 掌握 5G BBU 物理层参数配置；
(4) 掌握 5G AAU 参数配置。

二、实验条件

讯方 5G 仿真软件、计算机。

三、基本原理

5G gNB 采用 CU/DU 合一场景，需要配置和 EPC、锚点 eNodeB 进行对接的参数，S1/X2 接口都采用 SCTP/GTP-U 协议，如图 7-36 所示，具体内容见模块一。SCTP 协议需要配置通信的 IP 地址/端口号、服务器或客户端参数，GTP-U 协议需要配置通信的 IP，IP 层还需要配置路由数据。

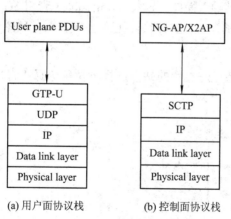

(a) 用户面协议栈　　(b) 控制面协议栈

图 7-36　完成硬件安装的业务调试拓扑

四、实验内容

(1) 根据表 7-2 规划参数完成青川 5G NR 站点全局数据配置。

表 7-2　全局参数规划

站点标识	双工制式	MCC	MNC
1	TDD	460	02

(2) 按照表 7-3 规划参数完成青川 5G NR 站点 S1 接口数据配置。

表 7-3 S1 接口参数规划

S1/X2 接口地址	网关	S1 接口参数			SGW IP 地址
		本端端口	对端 IP	对端端口	
100.1.1.11/24	100.1.1.1	2	10.10.1.1	2	10.10.3.1

(3) 按照表 7-4 规划参数，完成青川 5G NR 站点和青川 4G LTE 站点的 X2 接口数据配置。

表 7-4 X2 接口参数规划

本端基站名称	本端 IP 地址	本端端口	对端基站名称	对端 IP 地址	对端端口
5G NR 基站	100.1.1.11	10	4G LTE 基站	100.1.1.10	10

(4) 按照表 7-5 规划参数完成 AAU 数据配置。

表 7-5 频点参数规划

上行中心频点/MHz	下行中心频点/MHz	子载波带宽/kHz	带宽/MHz	射频通道
3330	3330	30	60	32T32R

(5) 根据物理连接完成 NR BBU 的传输层数据配置。

五、实验操作步骤

1. 导入指定存档

按照 7.1 节介绍的存档导入操作，导入"xf5g.sqlite3 青川 5G 设备全网 4G"存档。打开仿真软件，点击"业务调试"，验证存档是否已经正确导入，如图 7-35 所示即为正常导入。

2. 配置全局参数

点击"数据配置"，通过左上角的站点选择下拉条选择"青川 A 站点机房_无线"，如图 7-37 所示。

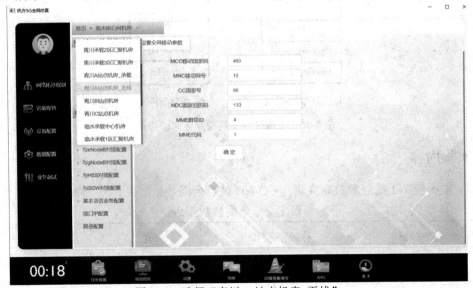

图 7-37 选择"青川 A 站点机房_无线"

　　进入"青川 A 站点机房_无线"后，默认打开的就是 NR-BBU 的配置页面，按照表 7-2 填入相应参数，点击"确定"按钮，如图 7-38 所示。

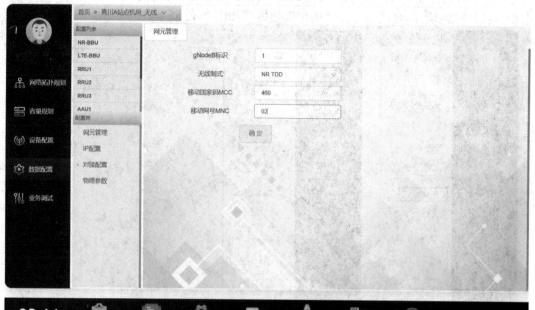

图 7-38　gNB 网元管理参数配置

3. 配置 IP 地址

　　点击"IP 配置"，在弹出的配置页面中，填入表 7-3 规划的 gNB 地址，点击"确定"按钮，如图 7-39 所示。

图 7-39　gNB IP 地址配置

4. 配置 S1/X2 对接参数

点击"对接配置",在展开的菜单中点击"接口设置",在右侧接口设置中先填入表 7-3 中 S1 接口规划参数,完成后点击"确定"按钮,如图 7-40 所示。

图 7-40　gNB S1 接口参数配置

点击左上角 新增 按钮,在新增的链路中填入表 7-4 规划的与 eNB 对接的 X2 接口参数,点击"确定"按钮,如图 7-41 所示。

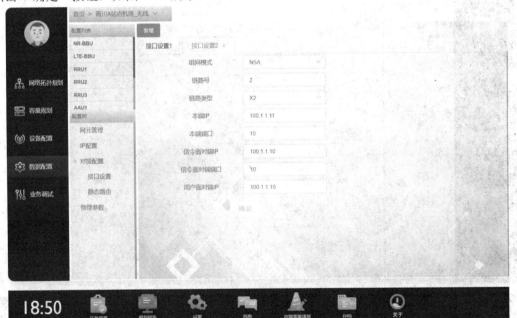

图 7-41　gNB X2 接口参数配置

点击"静态路由",进行路由配置。如图 7-42 所示。

图 7-42 gNB 默认路由配置

此处需要配置到 EPC 和 eNB 的路由,由于仿真软件目前仅支持添加 1 条路由,所以此处添加默认路由,即目的 IP 地址和网络掩码全是 0 的网络,下一跳 IP 地址为网关地址。

5. 配置 NR-BBU 物理参数

点击"物理参数",在弹出的页面中根据实际物理连线(参照"7.2 硬件安装与设备连线"内容检查线缆连接关系),使能 NR-BBU 的物理接口,点击"确定"按钮,如图 7-43 所示。

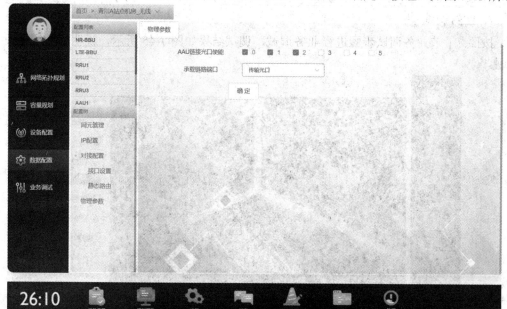

图 7-43 gNB 物理接口配置

承载链路端口指的是 NR-BBU 承载 X2/S1 接口的物理接口类型。

6. 配置 AAU 参数

点击左侧 AAU1，在右面 AAU1 参数配置页面，按照表 7-5 规划数据和实际物理连线(参照"7.2 硬件安装与设备连线"内容检查线缆连接关系)，完成 AAU1 参数配置，点击"确定"按钮，如图 7-44 所示。

图 7-44　AAU 参数配置

按照同样方法完成 AAU2、AAU3 的参数配置。注意此处的"射频编号"，不同 AAU 的射频编号不同，在小区配置时会引用该参数，表示小区使用该 AAU 提供的射频资源。"上级端口槽位号"指的是对接 LBBP 单板的槽位号和端口号。

7. 业务调试

按照 7.1 节业务调试步骤进行业务调试，调试结果如图 7-45 所示，说明参数配置没有问题。

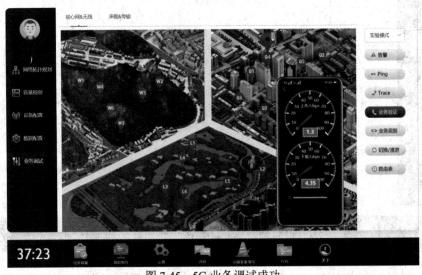

图 7-45　5G 业务调试成功

六、实验小结

_____

_____

_____

_____

7.4　本地小区与邻区参数配置

一、实验目的

(1) 掌握 gNB 小区数据配置方法；

(2) 掌握 gNB LTE 邻接小区的配置方法；

(3) 掌握 gNB 配置邻接关系的方法。

二、实验条件

讯方 5G 仿真软件、计算机。

三、基本原理

5G NSA 组网需要配置锚点 eNB 来进行 S1 接口信令转发，只有配置了邻区关系，eNB 才能将 5G NR 小区添加为辅小区以实现双连接，具体内容见模块一。

四、实验内容

(1) 根据表 7-5 和表 7-6 规划参数完成青川 5G NR 小区数据配置。

表 7-6　小区参数规划

制式	Cell ID/小区标识	基带资源(槽位/端口)	TAC/跟踪区码	PCI/物理小区标识	带宽/MHz	上下行时隙配比	时隙结构	调制阶数	发射功率
TDD	4	0/0	1234	4	60	4：1	SS2	64QAM	100
TDD	5	0/1	1234	5	60	4：1	SS2	65QAM	100
TDD	6	0/2	1234	6	60	4：1	SS2	66QAM	100

(2) 按照青川 LTE 小区参数，将 LTE 小区配置为 5G 小区的邻接小区。

(3) 配置 5G 小区和 4G 小区的邻接关系。

五、实验操作步骤

1. 导入存档

按照 7.1 节的存档导入操作，导入 "xf5g.sqlite3 青川 5G 全局传输全网 4G" 存档。打开仿真软件，点击"业务调试"，验证存档是否已经正确导入，如图 7-46 所示即为正常导入。

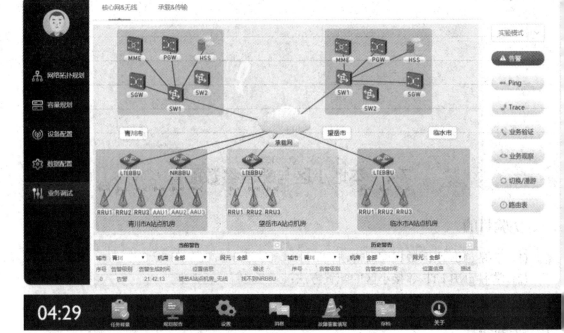

图 7-46 "青川 5G 全局传输全网 4G"存档

2. 配置 5G NR 小区

点击"数据配置"，通过左上角的站点选择下拉条选择"青川 A 站点机房_无线"，点击"5G 无线参数"，右侧即为 5G 小区参数配置界面。按照表 7-5 和表 7-6 规划数据输入相关参数，如图 7-47 所示。

图 7-47 NR TDD 小区配置(1)

通过滚动鼠标滚轮或是点住下拉条下拉，将参数填写完整，点击"确定"按钮，如图 7-48 所示。

图 7-48 NR TDD 小区配置(2)

点击左上角 新增 按钮，增加新的小区，按照相同的方法完成另外两个小区参数的填写，如图 7-49 所示。

图 7-49 NR TDD 3 个小区配置

3. 邻接小区配置

分别点击"LTE-BBU"→"无线参数"→"TDD 小区配置",获取 LTE 基站和小区信息,如图 7-50(a)和 7-50(b)所示。

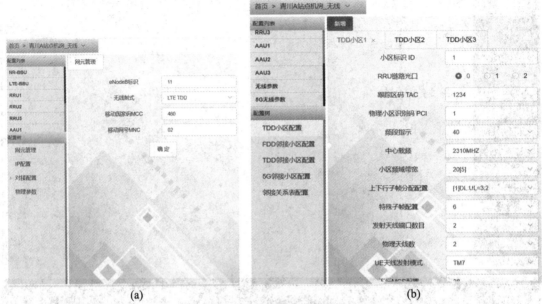

(a)   (b)

图 7-50　LTE eNB 参数配置

该小区将作为 5G 的邻接小区,在 5G 配置邻接小区时需要这些参数。

点击"5G 无线参数"→"TDD 邻接小区配置",在右侧的配置页面中填入图 7-50 中的 LTE 小区信息,点击"确定"按钮,如图 7-51 所示。

图 7-51　gNB TDD 邻接小区配置

点击左上角 新增 按钮，将另外两个 LTE 小区也添加为 5G 的邻区，结果如图 7-52 所示。

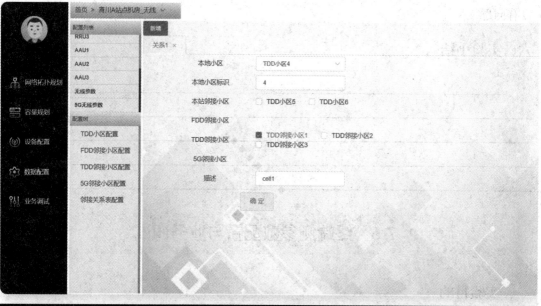

图 7-52　gNB 3 个 TDD 邻接小区配置

4. 邻接关系表配置

点击"邻接关系表配置"，在邻接关系中为 5G 小区配置宿主 4G 小区，每个 5G 小区配置一个宿主小区就可以，如图 7-53 所示。

图 7-53　gNB 邻接关系配置

点击左上角  按钮，为另外两个 5G 小区也添加和宿主小区的邻接关系，如图 7-54 所示。

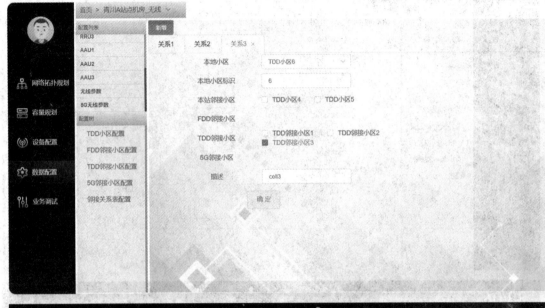

图 7-54　gNB 3 个小区邻接关系配置

5. 业务调试

按照 7.1 节中介绍的业务调试步骤进行业务调试，结果如图 7-45 所示，说明参数配置没有问题。

六、实验小结

_____

_____

_____

_____

7.5　终端侧参数配置与业务调试

一、实验目的

(1) 掌握调试终端数据配置方法；
(2) 掌握 5G 业务调试方法。

二、实验条件

讯方 5G 仿真软件、计算机。

三、基本原理

在完成站点设备安装、数据配置后，需要进行基本业务验证，然后再安排工程验收。站点工程师需要在完成数据配置后使用测试终端进行简单的业务调试，验证基本业务。

四、实验内容

(1) 根据表 7-7 规划参数完成青川测试终端参数配置。

表 7-7　测试终端参数配置

IMSI	APN	Ki	鉴权方式
460021234567890	qcnet	12345678901234567890123456789011	Milenage

(2) 进行 5G 业务测试。

五、实验操作步骤

1. 导入指定存档

按照 7.1 节介绍的存档导入操作，导入 "xf5g.sqlite3 青川测试终端配置" 存档。打开仿真软件，点击 "业务调试"，验证存档是否已经正确导入，如图 7-8 所示即为导入正常。

2. 配置测试终端

点击 "业务调试" → "业务验证"，出现 "业务验证" 页面，如图 7-55 所示。

图 7-55　"业务验证" 页面

在出现的测试终端中点击 图标，可以设置测试终端的参数，如图 7-56(a)所示；按照表 7-7 规划参数和 4G、5G 站点数据配置，进行参数设置，如图 7-56(b)所示。其中"移动国家码 MCC"和"移动网号 MNC"要和 NR-BBU 的全局参数配置中的参数一致，如图 7-57 所示。

(a)   (b)

图 7-56 业务测试界面

图 7-57 NR-BBU 移动国家码和移动网号配置

频段参数要覆盖 4G 和 5G 小区工作频段，如图 7-58(a)和 7-58(b)所示。

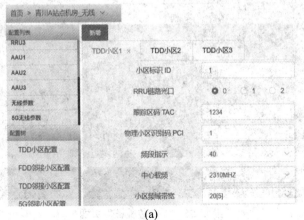

(a)

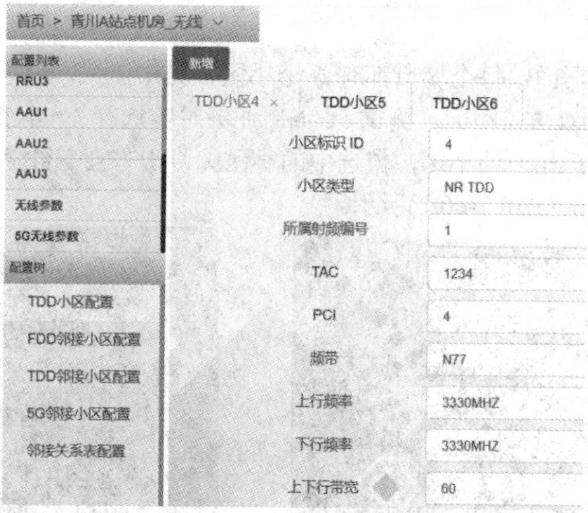

(b)

图 7-58 业务测试界面

IMSI 和 KI 是来自 HSS 的开户数据，如图 7-59(a)和 7-59(b)所示。

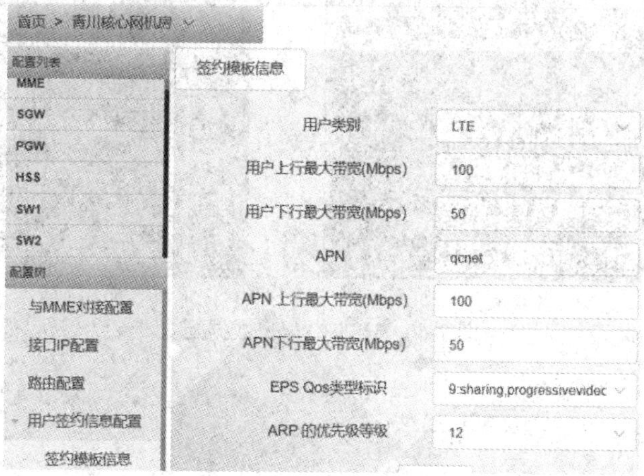

(a)

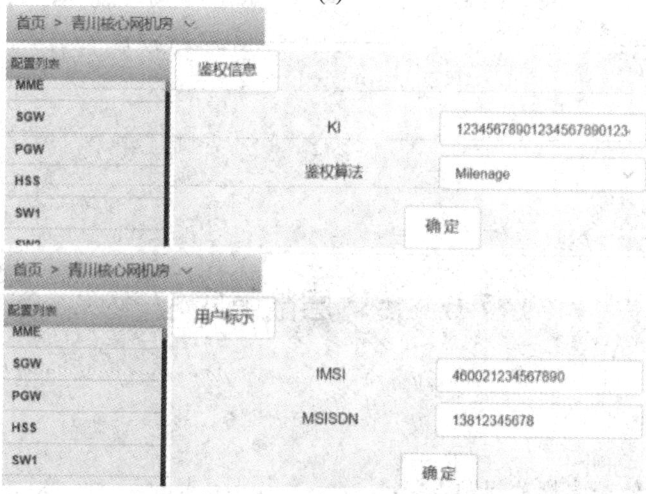

(b)

图 7-59 HSS 中开户数据配置

3. 选择测试小区

在"业务验证"页面，每个城市都有 6 个小区，其中 1～3 小区只有 LTE 覆盖，4～6 小区是 LTE、5G NR 双覆盖小区。测试 5G NR 业务时需选择 4～6 小区中的一个，左键点击小区名，便可以选择相应的小区，被选中的小区编号上方会有红色标志。LTE 和 5G 的测试结果分别如图 7-60(a)和 7-60(b)所示。

(a)　　　　　　　　　　　　　　　(b)

图 7-60　HSS 中开户数据配置

六、实验小结

_____

_____

_____

_____

_____

7.6　传输层故障定位

一、实验目的

(1) 能够解读传输层相关问题告警；

(2) 掌握 S1 接口相关问题处理思路；

(3) 掌握 X2 接口相关问题处理思路；

(4) 掌握路由相关问题处理思路。

二、实验条件

讯方 5G 仿真软件、计算机。

三、基本原理

传输层涉及和 EPC/eNB 对接，在数据配置中如果出现参数错误或是与对端不匹配，会造成对接失败，在告警中会出现相关警告。需要对接双方进行参数比对和路由排查，确定问题点。

四、实验内容

(1) 对给定的存档文件进行 S1 接口相关警告分析、故障排查，修改对应参数，修复告警。

(2) 对给定的存档文件进行 X2 接口相关警告分析、故障排查，修改对应参数，修复告警。

五、实验操作步骤

1. 导入存档文件

按照 7.1 节介绍的存档导入操作，导入"xf5g.sqlite3 青川传输层排障"存档。打开仿真软件，点击"业务调试"，验证存档是否已经正确导入，如图 7-61 所示即为正常导入。

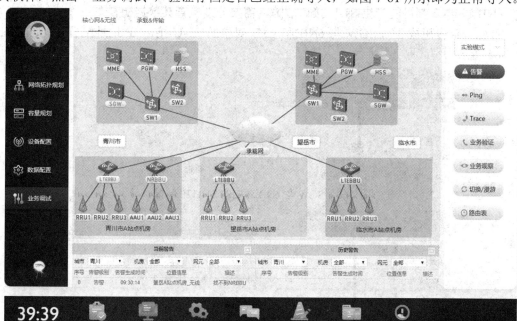

图 7-61 导入传输层排障存档

2. S1-U 接口故障排查

NSA 组网场景 Option 3 系列组网模式下，gNB 需要和 SGW 建立 S1-U 接口，以传输用户面数据，其控制面数据通过 eNB 转发。

点击"业务调试"→"告警"，点击当前警告栏的窗口最大化按钮 ，在告警页面可以看到"青川 A 站点机房_无线"和"青川核心网机房"都有 S1-U 接口相关警告，如图 7-62 所示。

S1-U 接口故障排查

图 7-62　传输层故障告警

eNB 和 gNB 都可能产生 S1-U 接口故障，需要分别检查其数据配置。

首先检查青川核心网 SGW 与 eNB 和 gNB 对接的 S1-U 接口 IP 地址配置，如图 7-63 和 7-64 所示。

图 7-63　SGW 与 eNB 对接的 S1-U IP 配置

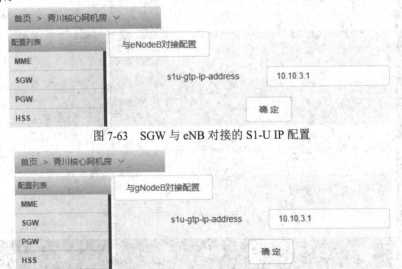

图 7-64　SGW 与 gNB 对接的 S1-U IP 配置

检查青川 A 站点机房 LTE-BBU 和 NR-BBU 的 S1 接口置，如图 7-65 和图 7-66 所示。

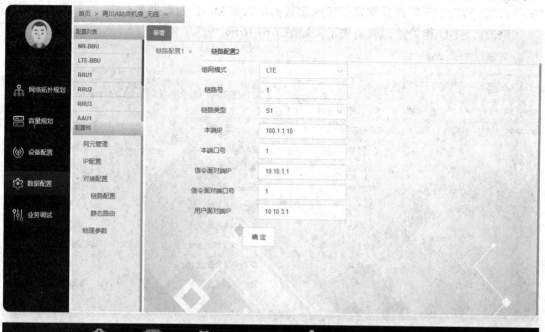

图 7-65　LTE-BBU S1 接口配置

图 7-66　NR-BBU S1 接口配置

对比发现，NR-BBU 的 S1 接口用户面对端 IP 地址和 SGW 上配置的与 gNB 对接的 IP

不一致，需要修改该 IP 地址配置。NR-BBU 的 S1 接口只需要用户面，控制面数据通过 eNB 的接口 X2 转发，所以此处配置的控制面数据可以和 MME 的数据不一样。

修改后 S1-U 相关警告就消失了，如图 7-67 所示。

核心网&无线　　承载&传输

			当前警告		

城市 青川 ▼　　机房 全部 ▼　　网元 全部 ▼

序号	告警级别	告警生成时间	位置信息	描述
0	告警	10:02:45	望岳A站点机房_无线	找不到NRBBU
1	告警	10:02:45	望岳A站点机房_无线	找不到AAU
2	告警	10:02:45	望岳A站点机房_无线	S1-C接口链路故障
3	告警	10:02:45	临水A站点机房_无线	找不到NRBBU
4	告警	10:02:45	临水A站点机房_无线	找不到AAU
5	告警	10:02:45	临水A站点机房_无线	S1-C接口链路故障
6	告警	10:02:45	青川A站点机房_无线	X2链路故障
7	告警	10:02:45	青川A站点机房_无线	X2链路故障

图 7-67　S1-U 告警修复

3. X2 接口故障排查

X2 接口为 gNB 和 eNB 之间的接口，当出现故障时，需要对比 eNB 和 gNB 的 X2 链路数据配置。

可以看到"青川 A 站点机房_无线"有两条关于 X2 链路故障的告警，分别是 gNB 和 eNB 产生的，如图 7-67 所示。

点击"数据配置"，gNB 和 eNB 的 X2 链路配置数据如图 7-68(a) 和 7-68(b)所示。

X2 接口故障排查

首页 > 青川A站点机房_无线 ∨

配置列表　　　　新增

NR-BBU

LTE-BBU　　　　接口设置1　　接口设置2 ×

RRU1　　　　　　组网模式　　　　　NSA

RRU2　　　　　　链路号　　　　　　2

RRU3　　　　　　链路类型　　　　　X2

AAU1　　　　　　本端IP　　　　　　100.1.1.11

配置树

　网元管理　　　　本端端口　　　　　10

　IP配置　　　　　信令面对端IP　　　100.1.1.20

　对接配置　　　　信令面对端端口　　12

　　接口设置　　　用户面对端IP　　　100.1.1.10

　　静态路由

　物理参数　　　　　　　　　　　　确定

(a)

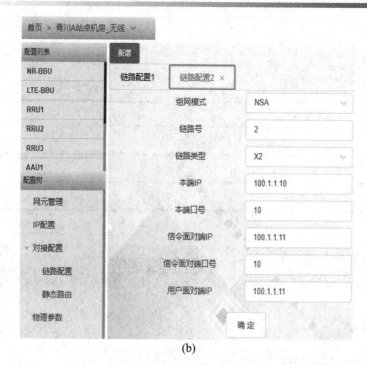

(b)

图 7-68　X2 接口配置

对比发现，gNB 配置的 eNB 数据存在问题，修改数据配置后警告消失，如图 7-69 所示。

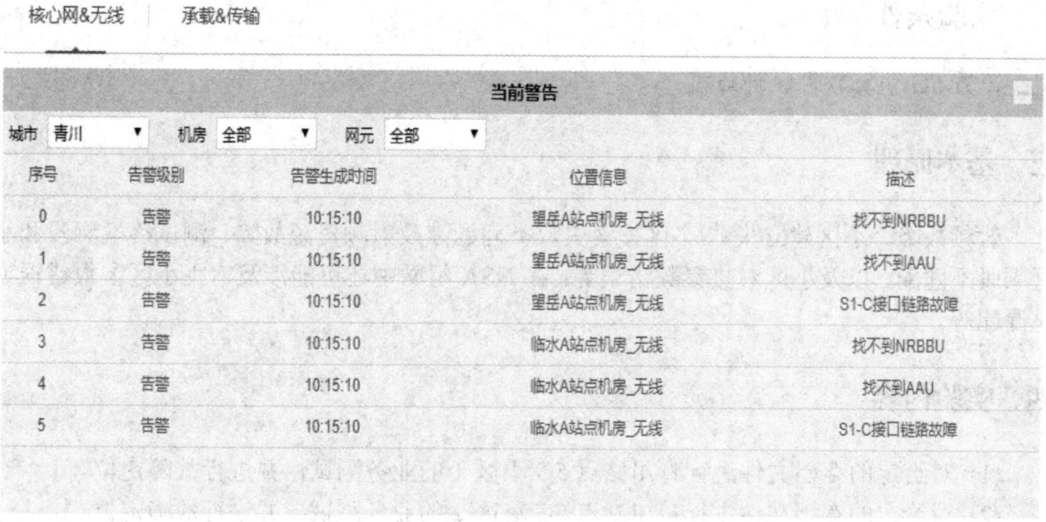

序号	告警级别	告警生成时间	位置信息	描述
0	告警	10:15:10	望岳A站点机房_无线	找不到NRBBU
1	告警	10:15:10	望岳A站点机房_无线	找不到AAU
2	告警	10:15:10	望岳A站点机房_无线	S1-C接口链路故障
3	告警	10:15:10	临水A站点机房_无线	找不到NRBBU
4	告警	10:15:10	临水A站点机房_无线	找不到AAU
5	告警	10:15:10	临水A站点机房_无线	S1-C接口链路故障

图 7-69　X2 链路告警修复

4. 承载网故障排查

在现实组网中，还可能需要排查承载网的问题，保证无线和核心网路由可达。可以通过 Ping、Trace 命令来定位承载网相关问题。

承载网相关问题排查此处不再赘述。

六、实验小结

_____

_____

_____

_____

_____

7.7　小区故障定位

一、实验目的

(1) 能够解读小区相关问题告警；

(2) 掌握小区搜索失败相关问题处理思路；

(3) 掌握小区相关问题处理时的参数核查方法。

二、实验条件

讯方 5G 仿真软件、计算机。

三、基本原理

射频故障、小区建立失败/小区搜索失败类问题涉及射频资源故障、测试终端频段和小区频段不匹配，以及小区对接参数错误等；在 NSA 组网中还可能涉及宿主小区参数错误或是漏配等。

四、实验内容

(1) 对给定的存档文件进行青川站点 5G 小区 1 的业务测试，并进行故障定位。

(2) 对给定的存档文件进行青川站点 5G 小区 2 的业务测试，并进行故障定位。

(3) 对给定的存档文件进行青川站点 5G 小区 3 的业务测试，并进行故障定位。

五、实验操作步骤

1. 导入存档文件

按照 7.1 节介绍的存档导入操作，导入 "xf5g.sqlite3 青川小区排障" 存档。打开仿真软件，点击"业务调试"，验证存档是否已经正确导入，如图 7-70 所示即为正常导入。

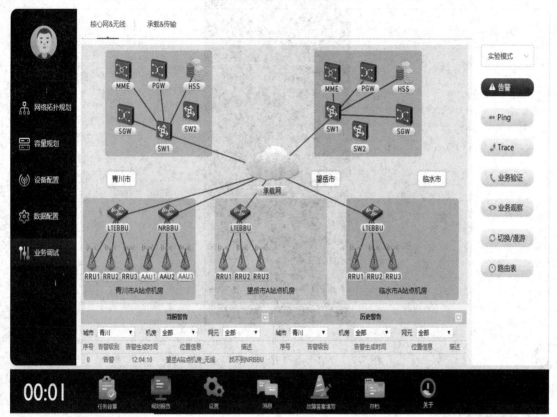

图 7-70 导入小区排障存档

2. NR 小区 1 排障

点击"告警"，结果显示有两个 AAU 故障警告，业务调试提示网络连接异常，如图 7-71 所示。

小区与 RRU 频段不匹配

序号	告警级别	告警生成时间	位置信息	描述
0	告警	12:11:37	望岳A站点机房_无线	找不到NRBBU
1	告警	12:11:37	望岳A站点机房_无线	找不到AAU
2	告警	12:11:37	望岳A站点机房_无线	S1-C接口链路故障
3	告警	12:11:37	临水A站点机房_无线	找不到NRBBU
4	告警	12:11:37	临水A站点机房_无线	找不到AAU
5	告警	12:11:37	临水A站点机房_无线	S1-C接口链路故障
6	告警	12:11:37	青川A站点机房_无线	aau射频故障
7	告警	12:11:37	青川A站点机房_无线	aau射频故障

当前警告

城市 青川 ▼　机房 全部 ▼　网元 全部 ▼

(a)

(b)

图 7-71 NR 小区 1 故障告警与业务调试

业务调试后点击"业务观察",结果显示有"搜索不到小区"事件提示,如图 7-72 所示。

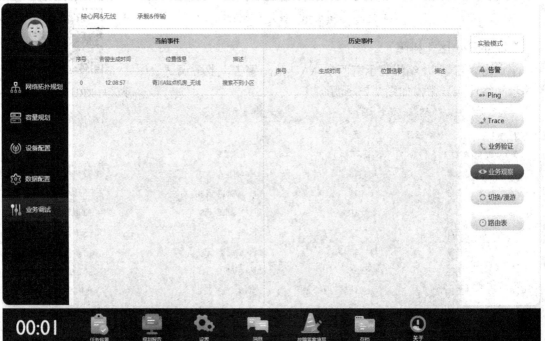

图 7-72 NR 小区 1 排障业务观察

检查 NR 小区 1(对应 TDD 小区 4)数据配置，如图 7-73 所示。

图 7-73　NR 小区 1 数据配置

小区 1 使用的射频编号为 1，对应小区频点为 3330 MHz，检查相应射频编号为 1 的 AAU 配置，如图 7-74 所示。

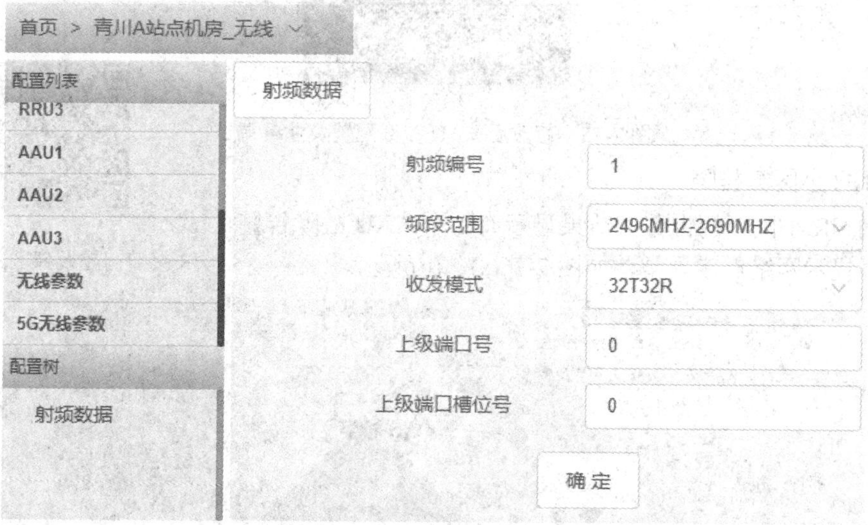

图 7-74　AAU1 数据配置

由图 7-74 可以看出，其支持的频率和小区配置频率不一致，修改该 AAU 支持的频段范围，如图 7-75(a)所示。再次进行业务调试，结果显示业务正常，如图 7-75(b)所示。

(a)

(b)

图 7-75　修改后 AAU 参数配置及业务调试

3. NR 小区 2 排障

查询 NR 小区 2 的告警，结果显示有 1 个 AAU 故障告警，业务调试提示网络连接异常，如图 7-76(a)、(b)所示。

IR 接口问题及邻区关系漏配

			当前警告		

城市 青川 ▼　机房 全部 ▼　网元 全部 ▼

序号	告警级别	告警生成时间	位置信息	描述
0	告警	12:32:56	望岳A站点机房_无线	找不到NRBBU
1	告警	12:32:56	望岳A站点机房_无线	找不到AAU
2	告警	12:32:56	望岳A站点机房_无线	S1-C接口链路故障
3	告警	12:32:56	临水A站点机房_无线	找不到NRBBU
4	告警	12:32:56	临水A站点机房_无线	找不到AAU
5	告警	12:32:56	临水A站点机房_无线	S1-C接口链路故障
6	告警	12:32:56	青川A站点机房_无线	aau射频故障

(a)

(b)

图 7-76　NR 小区 2 故障告警与业务调试

点击"业务观察",结果显示有"搜索不到小区"事件提示,如图 7-77 所示。

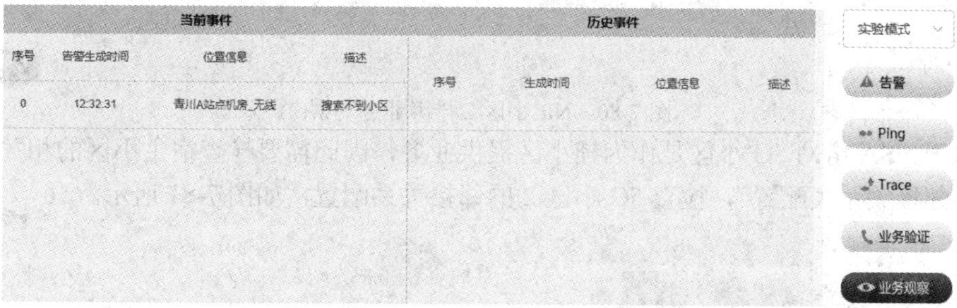

图 7-77　NR 小区 2 排障业务观察(1)

按照小区 1 故障排查思路,对比 NR 小区 2 和关联射频编号为 2 的 AAU 配置,如图 7-78(a)、(b)所示。

(a)　　　　　　　　　　　　　　　　　　　　(b)

图 7-78　NR 小区 2 数据配置与 AAU2 数据配置

可以看出 NR 小区 2 和 AAU2 的频率参数配置匹配，再检查 AAU 与 BBP 单板的连接端口，如图 7-79 所示。

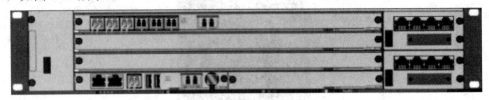

图 7-79　NR-BBU CPRI 接口连接

此处配置的 BBP 单板的端口号和物理连接不符，AAU2 是连接到 BBP 单板的 1 号端口(BBP 单板端口从左到右端口号是 0～5，共 6 个)。

修改以后再进行业务调试，仍然提示搜索不到小区，点击"业务观察"，结果显示有"未配置双向 4G 邻接小区"事件提示，如图 7-80 所示。

当前事件				历史事件				
序号	告警生成时间	位置信息	描述	序号	生成时间	位置信息	描述	
0	13:20:27		信令链路故障-未配置双向4G邻接小区	0	13:12:52	青川A站点机房_无线	搜索不到小区	

实验模式

⚠ 告警

•• Ping

✦ Trace

📞 业务验证

◉ 业务观察

图 7-80　NR 小区 2 排障业务观察(2)

由于 NSA 组网 5G 小区是作为辅小区提供业务，因此需要检查宿主小区的相关配置。点击"邻接关系表配置"，检查 5G 小区 2 的邻接关系配置，如图 7-81 所示。

图 7-81　NR 小区 2 邻接关系配置

由图 7-81 可以发现邻接关系漏配，添加上邻接关系后，再进行测试，结果显示业务正常，如图 7-82(a)、(b)所示。

图 7-82　增加 NR 小区 2 邻接关系配置及业务调试

4. NR 小区 3 排障

在 NR 小区 3 进行业务调试提示网络连接异常，查询告警，结果显示有 1 个 AAU 故障警告，如图 7-83(a)、(b)所示。

射频资源引用错误和
邻区参数错误

(a)

(b)

图 7-83　当前警告与 NR 小区 3 业务调试

点击"业务观察"，结果显示有"搜索不到小区"事件提示，如图 7-84 所示。

图 7-84　NR 小区 3 排障业务观察(1)

按照小区 1 故障排查思路，发现 NR 小区 3 使用的射频编号为 4，但是该站点 3 个 AAU 对应的射频编号是 1~3，如图 7-85(a)、(b)所示。

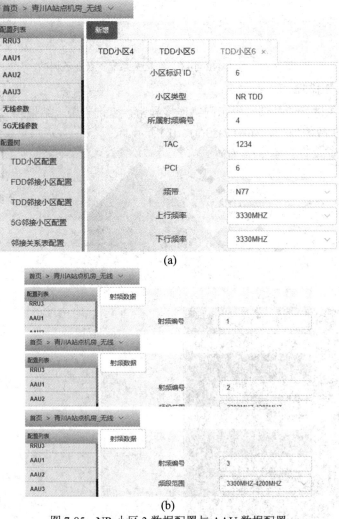

(a)

(b)

图 7-85　NR 小区 3 数据配置与 AAU 数据配置

修改小区中射频编号为 3，再进行业务调试，提示网络连接异常，在业务观察中有"未配置双向 4G 邻接小区"事件提示，如图 7-86 所示。

当前事件				历史事件			
序号	告警生成时间	位置信息	描述	序号	生成时间	位置信息	描述
0	13:36:52		信令链路故障-未配置双向4G邻接小区	0	13:26:05		信令链路故障-未配置双向4G邻接小区

图 7-86　NR 小区 3 排障业务观察(2)

按照小区 2 邻区排障思路，检查邻接关系配置，发现 NR 小区 3 已经配置了 LTE 的邻接关系，如图 7-87 所示。

图 7-87　NR 小区 3 邻接关系配置

TDD 邻接小区 3 为 5G 小区 3 的邻接小区，继续检查 TDD 邻接小区 3 的配置，如图 7-88(a)、(b)所示。

(a)

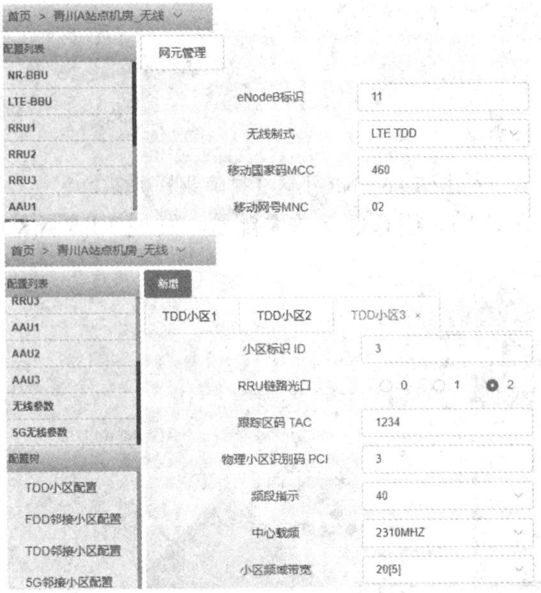

(b)

图 7-88 NR TDD 邻区 3 和 LTE 小区 3 及 LTE-BBU 参数配置

与 4G 小区 3 数据配置比对，发现邻区配置中的邻接小区 eNB ID 与 4G 站点配置不一样。修改该参数，再次进行测试，结果显示业务正常，如图 7-89 所示。

图 7-89 NR 小区 3 业务测试成功

六、实验小结

_____

_____

_____

_____

_____

附录 1 缩略语对照表

3GPP   3rd Generation Partnership Project，第三代伙伴项目
5G   5th Generation 或 5th generation mobile networks，第五代移动通信
5GC   5G Core Network，5G 核心网

A

AAU   Active Antenna Unit，有源天线单元
ADC   Analog-to-Digital Converter，模拟数字转换器
AI   Artificial Intelligence，人工智能
AMF   Access and Mobility Management Function，接入和移动管理功能
AR   Augmented Reality，增强现实
AS   Access Stratum，接入层
AWGN   Additive White Gaussian Noise，加性高斯白噪声

B

BBU   Base Band Unit，基带单元
BF   Beam Forming，波束成形
BWP   Band Width Part，部分带宽

C

CCE   Control Channel Element，控制信道元素
CN   Core Network，核心网
CORESET   Control-Resource SET，控制资源集
CP   Cyclic Prefix，循环前缀
CPRI   Common Public Radio Interface，通用公共无线接口
CQI   Channel Quality Information，信道质量信息
CSI   Channel State Information，信道状态信息
CU   Central Unit，中央单元

D

D2D   Device to Device，设备到设备

DAC	Digital-to-Analog Converter，数字模拟转换器
DC	Dual-Connectivity，双连接
DCI	Downlink Control Information，下行控制信息
DRB	Data Radio Bearer，数据无线承载
DU	Distributed Unit，分布单元

E

eCPRI	enhanced CPRI，增强型 CPRI
EHS	Environment, Health, Safety，健康、安全与环境
eMBB	enhanced Mobile Broad Band，增强移动宽带
EMU	Environment Monitoring Unit，环境监控仪
EPC	Evolved Packet Core，演进分组核心网(4G 核心网)
EPS	Evolved Packet System，演进分组系统
ESN	Electronic Serial Number，电子序列号

F

FDD	Frequency Division Duplexing，频分双工
F-OFDM	Filtered-Orthogonal Frequency Division Multiplexing，子带滤波的 OFDM

G

GP	Guard Period，保护间隔
GPU	Graphics Processing Unit，图形处理器
GSCN	Global Synchronization Channel Number，全局同步信道号

H

HARQ	Hybrid Automatic Repeat reQuest，混合自动重传请求

I

ICS	Industrial Control System，工业(自动化)与控制系统
IDC	Internet Data Center，互联网数据中心
ITU	International Telecommunication Union，国际电信联盟

L

LCP	Logical Channel Priority，逻辑信道优先级
LI	Layer Indication，层指示
LMT	Local Maintenance Terminal，本地维护终端
LNA	Low Noise Amplifier，低噪放大器
LTE	Long Term Evolution，长期演进技术(4G 无线接入网)

M

MAC	Media Access Control，媒体访问控制
MCG	Master Cell Group，MeNB 控制的服务小区组
MCL	Maximum Coupling Loss，最大耦合损耗
MEC	Multi-access Edge Computing，边缘计算
MeNB	Master eNodeB，主基站
MIB	Master Information Block，主信息块
MIMO	Multi-Input Multiple-Output，多输入多输出
MM	Multi Mode，多模
mMTC	massive Machine Type Communications，大规模机器类通信

N

NAS	Non Access Stratum，非接入层
NE-DC	NR eNodeB Dual Connection，5G NR 基站和 4G eNodeB 基站双连接
NGEN-DC	NG eNodeB NR Dual Connection，NG eNodeB 基站和 5G NR 基站双连接
NGFI	Next Generation Fronthaul Interface，下一代前端传输接口
NOMA	Non-Orthogonal Multiple Access，非正交多址接入
NR	New Radio，新空口
NRO	Network Rollout，网络部署
NSA	Non Stand Alone，非独立组网

O

OFDM	Orthogonal Frequency Division Multiplexing，正交频分复用
OMA	Orthogonal Multiple Access，正交多址接入

P

PCI	Physical Cell Identifier，物理小区标识
PDCP	Packet Data Convergence Protocol，分组数据汇聚协议
PDMA	Pattern Division Multiple Access，基于稀疏扩频的图样分割多址接入
PD-NOMA	Power Division based NOMA，基于功率分配的 NOMA
PHY	Physical Layer，物理层
PI	Preemption Indicator，抢占指示
PMI	Precoding Matrix Indication，预编码矩阵指示
PPE	Personal Protective Equipment，个人防护装备
ProSe	Proximity Service，邻近服务
PSS	Primary Synchronization Signal，主同步信号

Q

QFI	QoS Flow ID，QoS 流标记
QoS	Quality of Service，服务质量
QSFP	Quad Small Form-factor Pluggable，四通道小型可插拔

R

RA	Random Access，随机接入
RAN	Radio Access Network，无线接入网
RB	Resource Block，资源块
RE	Resource Element，资源粒子
RI	Rank Indication，秩指示
RLC	Radio Link Control，无线链路控制
RMSI	Remaining Minimum System Information，剩余最小系统消息
RNTI	Radio Network Temporary Identifier，无线网络临时标识
RRU	Remote Radio Unit，射频拉远单元
RS	Reference Signal，参考信号
RSMA	Resource Spread Multiple Access，资源扩展多址接入
RSRP	Reference Signal Received Power，参考信号接收功率
RTT	Round-Trip Time，往返时延

S

SA	Stand Alone，独立组网
SCG	Secondary Cell Group，SgNB 控制的服务小区组
SCMA	Sparse Code Multiple Access，稀疏码多址接入
SDAP	Service Data Adaptation Protocol，服务数据适应协议
SDU	Service Data Unit，业务数据单元
SFI	Slot Format Indicator，时隙格式指示
SFN	System Frame Number，系统帧号
SFP	Small Form-factor Pluggable，小型可插拔
SgNB	Secondary gNodeB，从 5G 基站
SIB	System Information Block，系统消息块
SIC	Successive Interference Cancellation，串行干扰消除
SLP	SUPL Location Platform，SUPL 定位平台
SM	Single Mode，单模
SNR	Signal Noise Ratio，信噪比
SRS	Sounding Reference Signal，探测参考信号

SSB   Synchronization Signal and PBCH block，同步信号和 PBCH 块

SSREF   SS block Reference Frequency Position，同步块参考频率位置

SSS   Secondary Synchronization Signal，辅同步信号

SUL   Supplementary UpLink，上、下行解耦

SUPL   Safety User Plane Location，安全的用户面位置信息

T

TA   Timing Advance，定时提前

TDD   Time Division Duplexing，时分双工

U

UBBP   Universal Base Band Processing Unit，通用基带处理单元

UCI   Uplink Control Information，上行控制信息

UMPT   Universal Main Processing Transmission Unit，通用主控传输单元

UP   User Plane，用户面

UPEU   Universal Power and Environment interface Unit，通用电源环境接口单元

uRLLC   ultra Reliable and Low Latency Communication，超可靠低时延

V

VR   Virtual Reality，虚拟现实

附录 2   随机接入触发场景

附表 1   随机接入触发场景

序号	随机接入触发场景	场 景 描 述
1	初始接入	UE 从 RRC_IDLE 态到 RRC_CONNETTED 态
2	RRC 连接重建	UE 在无线链路失败后重新建立无线连接(期间重建小区可能是 UE 无线链路失败的小区，也可能不是)
3	切换	UE 处于 RRC_CONNETED 态，此时 UE 需要新的小区建立上行同步
4	数据传输时上行失步	RRC_CONNETTED 态下，上行或下行数据到达时，UE 上行处于失步状态
5	SR 资源申请	RRC_CONNETTED 态下，上行数据到达，此时 UE 没有用于 SR 的 PUCCH 资源
6	SR 失败	通过随机接入过程重新获得 PUCCH 资源
7	RRC 在同步重配请求	RRC 在同步重配时的请求
8	RRC_INACTIVE 态下接入	UE 会从 RRC_INACTIVE 态到 RRC_CONNETTED 态
9	SCell 时间对齐	在 SCell 添加时建立时间对齐
10	波束失败恢复	UE 检测到失败并发现新的波束时，会选择新的波束
11	请求其他 SI	UE 处于 RRC_IDLE 态和 RRC_CONNETTED 态下时，通过随机接入过程请求其他 SI

附录 3　SSB 起始符号位置

附表 2　SSB 起始符号位置（一）

场景	子载波间隔/kHz	第一个符号索引	$f \leqslant 3\ \text{GHz}$	$3\ \text{GHz} < f \leqslant 6\ \text{GHz}$
Case A	15	$\{2, 8\} + 14 \times n$	$n = 0, 1$	$n = 0, 1, 2, 3$
			$s = 2, 8, 16, 22$	$s = 2, 8, 16, 22, 30, 36, 44, 50$
			$L_{\max} = 4$	$L_{\max} = 8$
Case B	30	$\{4, 8, 16, 20\} + 28 \times n$	$n = 0$	$n = 0, 1$
			$s = 4, 8, 16, 20$	$s = 4, 8, 16, 20, 32, 36, 44, 48$
			$L_{\max} = 4$	$L_{\max} = 4$
Case C	30	$\{2, 8\} + 14 \times n$	$n = 0, 1$	$n = 0, 1, 2, 3$
			$s = 2, 8, 16, 22$	$s = 2, 8, 16, 22, 30, 36, 44, 50$
			$L_{\max} = 4$	$L_{\max} = 8$

附表 3　SSB 起始符号位置（二）

场景	子载波间隔/kHz	配置位置	$6\ \text{GHz} < f$
Case D	120	$\{4, 8, 16, 20\} + 28 \times n$	$n = 0, 1, 2, 3, 5, 6, 7, 8, 10, 11, 12, 13, 15, 16, 17, 18$
			$s = 4, 8, 16, 20, 32, 36, 44, 48,$ $60, 64, 72, 76, 88, 92, 100, 104,$ $144, 148, 156, 160, 172, 176, 184, 188,$ $200, 204, 212, 216, 228, 232, 240, 244,$ $284, 288, 296, 300, 312, 316, 324, 328,$ $340, 344, 352, 356, 368, 372, 380, 384,$ $424, 428, 436, 440, 452, 456, 464, 468,$ $480, 484, 492, 496, 508, 512, 520, 524$
			$L_{\max} = 64$

场景	子载波间隔/kHz	配置位置	6 GHz$<f$
Case E	240	$\{8, 12, 16, 20, 32, 36, 40, 44\} + 56 \times n$	$n = 0, 1, 2, 3, 5, 6, 7, 8$
			$s = 8, 12, 16, 20, 32, 36, 40, 44,$ $64, 68, 72, 76, 88, 92, 96, 100,$ $120, 124, 128, 132, 144, 148, 152, 156,$ $176, 180, 184, 188, 200, 204, 208, 212,$ $288, 292, 296, 300, 312, 316, 320, 324,$ $344, 348, 352, 356, 368, 372, 376, 380,$ $400, 404, 408, 412, 424, 428, 432, 436,$ $456, 460, 464, 468, 480, 484, 488, 492$
			$L_{\max} = 64$

附录 4　N 型接头制作

一、部件认知

GPS 跳线和 N 型连接器外观如附图 1 和附图 2 所示。

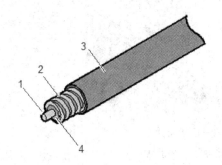 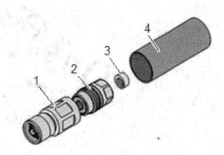

1—跳线内导体；2—跳线外导体；
3—跳线护套；4—跳线绝缘介质
附图 1　GPS 跳线外观

1—前套；2—后套；
3—密封胶圈；4—热缩管套
附图 2　N 型连接器

二、操作步骤

1. 切割馈线

按照附图 3 所示切割跳线护套、跳线外导体和跳线绝缘介质。

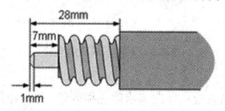

附图 3　馈线切割尺寸要求

切割后的跳线外导体应保持光滑、无损坏，截面必须呈圆形，不能变形；对跳线内导体进行导角处理。

2. 安装热缩套管、密封胶圈

用刷子等工具去除跳线横截面上的杂质，并保持截面清洁，按附图 4 所示安装热缩套管和密封胶圈。

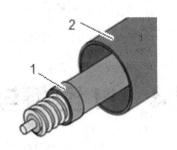

1—密封胶圈；2—热缩套管

附图 4　安装热缩套管、密封胶圈

3. 安装连接器后套和前套

按照附图 5 所示安装连接器后套和前套。

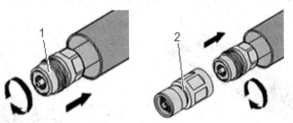

1—连接器后套；2—连接器前套

附图 5　安装连接器后套和前套

4. 紧固连接器前后套

按照附图 6 所示，使用扳手紧固前后套，扭矩 1.4 N·M。

附图 6　紧固连接器前后套

5. 吹缩热缩套管

按附图 7 所示，使用热风枪从后向前吹缩热缩套管，热风枪温度调节为 150℃～175℃。

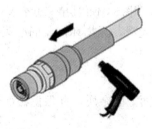

附图 6　吹缩热缩套管

参 考 文 献

[1]   3rd Generation Partnership Project. 无线资源控制(RRC)协议规范(R15/R16)[EB/OL]. https://www.3gpp.org.

[2]   华为技术有限公司. 3900 系列&5900 系列基站产品文档[EB/OL]. https://support. huawei.com/enterprise/zh/elte-integrated-access/dbs3900-dsa-pid-23091053.2020.

[3]   5G/NR-Frame Structure [EB/OL]. http://www.sharetechnote.com/html/5G /5G_Frame Structure. html.

[4]   张传福，赵立英，张宇，等. 5G 移动通信系统及关键技术[M]. 北京：电子工业出版社，2019.

[5]   张中山. 全双工无线通信理论与技术[M]. 北京：科学出版社，2020.

[6]   山东中兴教育咨询有限公司，崔海滨，杜永生，陈巩. 5G 移动通信技术[M]. 西安：西安电子科技大学出版社，2020.

[7]   宋铁成，宋晓勤. 5G 无线技术及部署(微课版)[M]. 北京：人民邮电出版社，2020.

[8]   埃里克·达尔曼，斯特凡·巴克浮，约翰·舍尔德. 5G NR 标准：下一代无线通信技术[M]. 朱怀松，王剑，刘阳，译. 北京：机械工业出版社，2019.

[9]   张建国，杨东来，徐恩，等. 5G NR 物理层规划与设计[M]. 北京：人民邮电出版社，2020.

[10] 阿里·扎伊迪，弗雷德里克·阿斯利，乔纳斯·梅德博，等. 5G NR 物理层技术详解：原理、模型和组件[M]. 刘阳，李蕾，张增洁，译. 北京：机械工业出版社，2019.